上班族也能財務自由
人氣創業導師的**最強富人法則**

為什麼他「有錢」又「有閒」

岡崎勉明——著
林于楟——譯

三民書局

①有閒但沒有錢的人
②有錢但沒有閒的人
③有錢也有閒的人

你喜歡①～③的哪一種呢？

前言——有錢又有閒的人不領薪水的理由

世界上有兩種人。

・**有閒，但沒有錢**

・**有錢，但沒有閒**

但其實也還有這一種人。

・**有錢也有閒，財務自由的人**

到底為什麼會產生這等差距呢？

其實，得到財務自由的人，和因財務不自由而被時間與金錢追著跑的人之間，有著完全不同的概念。

財務自由的人，不用「領薪水」的概念工作。

那他們是用什麼概念工作呢？

那就是，以「**從機制獲得收入**」，也就是以所謂的「被動收入」做為主要的工作方法。

只是，多數人對「被動收入」有所誤解。

誤以為「不用工作（被動）獲得收入＝輕鬆賺錢」。

被動收入在英文中稱為「Unemployed income」，意為「非受僱所得」，也就是把「從非 employe（受僱者）這種工作方法獲得的收入」稱為被動收入。

所以，本書的主題「有錢也有閒的生活方法」是想告訴大家，該怎樣才能不被束縛於「受僱者」的思維中，並進一步得到財務自由。

只要講到錢，就會出現這種人：

「錢不是人生的全部！」

這也是我年輕時，成天掛在嘴上的口頭禪。

隨著年紀增長才知道，錢確實不是人生的全部。

但與之同時，幾乎所有事情皆與金錢有關，這個體認年年加深。

不管生活、人際關係、育兒或照護長輩，甚至是自己年老之後，都和金錢關係甚深。

舉例來說，如果你需要負責照護雙親，那需要花費多少金錢呢？如果你生了什麼病，或受了什麼傷，又需要何等的經濟能力呢？

某位成功者曾說過這句話：

「說出『最討厭金錢了』的人只是任性而已。」

這是因為，雖然錢不是人生的全部，但任誰都沒辦法逃脫「人生中幾乎所有事情都與金錢有關」的事實。

那麼，為什麼這麼多人因為金錢煩惱呢？

除了「沒學過金錢與工作方法間的關係」之外，找不到其他答案。

學校教育中找不到「金錢與工作方法」相關的課程，父母也幾乎不會教導小孩這件事。

舉例來說，說起父母教導孩子與金錢相關的事情，主要都是：

・不可以借錢
・信用卡很恐怖
・不可以當保證人
・我們家沒那種閒錢
・有錢人是壞人
・投資很危險

等內容吧，根本算不上與金錢相關的有用教育。

工作方法也差不了多少：

・進大公司工作
・一份工作至少要做3年
・在福利好的公司工作
・考公務員

・只要堅持工作下去，收入遲早會增加
・換工作很危險
等等，這類過時教育的氾濫就是現狀。

但正因為身處現在這個時代，才希望大家可以停下腳步思考：

「這些想法真的正確嗎？」

人生，會因為你聽誰的話而決定。
得要自己選擇要接受誰的建議才行。
聽從父母，就會變成和父母一樣的人。
聽從友人，就會變成和友人一樣的人。
聽從前輩或上司，就會變成和前輩或上司一樣的人。
所以，你得要聽從你心中理想對象的話才行。

更進一步說，就算你的父母生活富裕，但社會規則也會隨時代改變，所以你真的可以聽從他們的建議嗎？

我現在已經得到財務與時間的完全自由了，但我也不是一開始就是這樣。

在我出社會後，我過了好幾年每個月25號領薪水，27號繳完卡費後，手邊就所剩無幾的生活。幾乎每天加班，根本沒辦法把時間用在自己身上。

在這種情況中，我遇到一位導師，因為實踐他教我的事情，我的生活得以改變。

金錢與工作方法是不可切分的唇齒關係。

而幾乎所有人，都在學習前誤會這是門困難學問。

其實這和運動、學校課業沒有任何差別。不管是棒球、足球、數學還是國語，都有教授學問的指導者，只要我們練習，肯定能學會。

「金錢觀」和「工作法」也相同，只要好好學習，任誰都能得到幸福。

那麼，就讓我們活用此書踏出第一步，獲得不被金錢與時間束縛的財務自由吧！

第2章

Chapter 2

／活著不需要被「金錢」、「時間」與「地點」束縛

第3章／不管花多久時間都沒辦法變有錢的原因

Chapter 3

第4章 Chapter 4

／只要理解社會的賺錢機制，就能找到工作法的答案

第5章 Chapter 5 獲得財務自由與時間自由的具體方法

為什麼他有錢又有閒？

正式進入本書內容前，我要向大家介紹一個故事。
這是一個可以學習思考金錢與工作方法的故事。

——貧困村莊與富裕村莊的故事——

某地區有兩個村莊。

在此分別稱其為「A村」和「B村」吧。

A村裡有許多工作。

B村裡的工作不多。

A村村民相當勤勞，從早到晚拼命工作。

B村村民除了工作外，也很重視自己的時間。

A村村民說「安定最重要」。

B村村民說「自由最重要」。

A村村民相當討厭談論金錢。

B村村民相當喜歡談論金錢。

A村村民認真且勤勞，認為工作比玩耍還重要。

B村村民認為有效率的工作很重要，也相當重視玩耍。

那麼，A村和B村，哪一個是富裕的村莊呢？

某天，有個A村村民去找村長米哈斯。

A村村民

「村長！我們認真又拼命的工作，從早上睜開眼睛，一直工作到晚上閉上眼睛睡覺。但是，不管再怎麼努力工作，生活絲毫沒有變得富裕的跡象！我們到底該怎麼辦才好？」

米哈斯

「聽好了，我們現在確實還不寬裕。但是啊，我們將來絕對會變得富裕。都這麼努力工作了，怎麼可能沒有回報，是不是？」

米哈斯露出有點不耐煩的表情。

最近來找他商量這類事的人變多了。

村民開始對他抱怨「工作太多」、「想要變得更富裕」。光是每天不愁吃穿就夠幸福了，為什麼這麼貪心啊……。

村長雖然這麼想，也沒辦法當著村民們的面直言。

A村村民

「我也曾經這樣想，但老實說，現在已經不這麼想了。米哈斯村長知道B村嗎？」

米哈斯

「當然，我熟得很，B村村長和我從小一起長大。那傢伙從小就是懶惰鬼，也不好好念書，但就是很得要領，總能巧妙地把問題蒙混過去。雖然不討厭他，但老實說，也沒辦法喜歡他。」

A村村民

「這樣啊……。那麼，您知道現在B村是怎樣的狀況嗎？」

米哈斯

「你也知道我根本沒空管那種事情吧？我很忙耶，一大早就得開始整理文件，還要和我家僕人討論事情。

就算我下指示，也只有一部分人會照做，所以我還得到現場監督才行。太陽下山後，接著又要為明天早上做準備，還要去汲水。忙成這樣，我哪有時間去關心B村在幹嘛。」

A村村民

「是的，我們全村村民都打從心底感謝村長，而在這個前提之下，請村長務必聽我這番話。

我有個從小一起長大的朋友搬到B村去住。前幾天，我和好久不見的他一起去喝酒，因為時間晚了，我就對他說：『明天也還要工作，我差不多該走了。』就在此時……」

米哈斯

「就在此時？」

A村村民

「他對我說：『難得見個面，再多坐一下啊。』因為我們早上得要去汲水，我對他說：『明天早上還要去汲水，所以今天只能喝到這了。』結果……」

米哈斯

「……喂！別吊我胃口！快點說結論！我很忙啊！」

A村村民

「結果他對我說：『你們還在汲水啊？那樣工作，你的人生不就等於是為了汲水而活嘛。』」

米哈斯

「說什麼蠢話，這不是理所當然的嗎？不去汲水是要怎麼生活啊！既然B村村長是那個人，他肯定只是想偷懶才不去汲水，大家都很困擾吧。沒有水，他們是要怎麼過生活啊？」

A村和B村都位於山腰，離河川有段距離。所以為了要生活，就得要到河邊去汲水才行。

A村村民

「不，聽他說，他們似乎沒有用水困擾耶。」

米哈斯
「怎麼可能！他們不去汲水，怎麼可能不缺水又能過生活啊！」

A村村民
「沒錯，我也這樣想，所以就問他，他對我說：『如果你願意，可以來B村玩玩喔。』村長，要不要和我一起去？」

米哈斯
「……。我很忙……但是，好，一起去看看吧。如果這件事是真的，就讓我親眼瞧瞧吧。」

其實米哈斯一點也不想去B村。

但村民那認真的態度，讓他沒有辦法冷淡當做沒這回事。

哎呀，反正就算只是謠言，去見見好久不見的B村村長也是不錯啦，米哈斯村長這麼想著，決定要去B村參觀。

～～～～～～～～～～

米哈斯

「喂、喂，這到底是施了什麼魔法啊？為什麼明明沒有去汲水，卻有這麼乾淨的水？儲水桶放哪？你們是怎麼拿到這些水的啊？」

和A村村民聊完這件事一週後。

造訪B村的米哈斯嚇了一大跳。

真的有水。

而且村莊內活力充沛，連娛樂也有，村民們都神采奕奕。

他對這明顯與A村不同的狀況感到困惑，接著他去見了B村的村長托利多。

托利多

「米哈斯你冷靜一點，這麼久沒見，沒先打招呼就先問這個啊？」

米哈斯

「托利多，歹勢啦。但是啊，這要我如何不驚訝啊。

從小到大，對我們來說，汲水是理所當然的事情耶。

日出之後，就得為了那天的生活所需去河邊汲水，而且還要來回好幾趟。

準備好生活所需用水後，我們才終於能做其他事情啊。

當然，只有水也沒有辦法生活，還需要食物。因此從早工作到晚才好不容易能生活，我們的生活就是這樣被工作追著跑。

但這裡是怎樣？和我們的村莊完全不同，好有活力。

沒有被工作追著跑的氣氛，不僅如此，甚至還有娛樂啊！為什麼能做到這樣，不疑惑才奇怪吧！」

托利多　「我知道你想說什麼啦，確實是那樣，我還在A村時也是那樣想。但我從小就有疑問，覺得『那我的人生不就是為了汲水而活嗎？』」

米哈斯　「你是瞧不起汲水嗎？」

托利多　「我沒那個意思。但我從小就想：『如果可以從汲水解脫，我的生活會變得多豐富。』然後不斷膨脹自己的想像。

如果可以把汲水的時間用在自己的人生上，可以辦到什麼？可以更享受人生。不僅如此，還可以學習更多事情，這不只是指學業，還能認識這個世界。
所以我當時就決定了，絕對不要為了汲水而活。」

米哈斯
「就算你那樣說，沒有水就沒辦法生活啊。到底該怎樣取得水啊？又不可能存雨水來用，雨水一下就臭掉了，反而會造成更大的問題。」

托利多
「沒錯，所以我決定製作一個機制。」

米哈斯
「……機制？」

托利多

「聽好了，工作方法有兩種。
工作，就是把一種東西換成另外一種東西的行為。
我們一直拿時間換水和食物。所以我們有了水和食物，卻沒了時間。
結果只是讓自己的人生一直被時間追著跑。
我決定要改變這件事。
新的工作方法，那就是『拿時間換機制的工作方法』。」

米哈斯

「我聽不懂那個機制是什麼東西啦！」

托利多

「你先別著急，看那邊，有看到水管吧？」

米哈斯

「你說那個圓筒？」

托利多

「對。那個就是運水的機制，我把那東西從河邊拉到這裡，從河川吸水上來。所以隨時都能得到新鮮的水，而我也從汲水中解脫了。

所以，我開始把汲水的時間，拿來創造其他機制。

農業也靠機制運作，連狩獵也因為新的機制變得輕鬆多了。

村民們有利用空閒時間享受悠閒的人、思考能讓生活更便利的機制的人、致力教育對村莊貢獻的人，每個人都可以將自己的理想成形。」

米哈斯

「怎麼會……認真工作不是最重要的事情嗎？」

托利多

「不是只有一直運水才是認真工作。

創造機制也是個偉大的工作，創造出機制後空出時間來，然後把空下來的時間拿來實現自我理想就好了。

當然，創造機制的過程相當辛苦，但是，只要跨越最辛苦的時間，就能得到至上的幸福啊。」

米哈斯陷入沉思。

如果自己的村莊也能做到這件事，那會怎樣？大家會開心嗎？

不，根本不需要思考，大家肯定會相當開心。

這或許是改變A村的機會……。

米哈斯

「不好意思，直到親眼所見前我還半信半疑。

但現在不同了，我想要為A村的村民拉水管。

我到底該怎麼做才好？可以請你幫幫我們嗎？」

托利多

「這當然！自己出生的村莊可以變得更加富饒，沒什麼比這更讓人開心了！首先，你自己要先學習才行，就先踏出這第一步吧！」

1

九成人都搞錯的「工作法」與「金錢觀」

01

認真工作也無法變有錢的真正理由

「岡崎真好啊，自己創業，有錢又有閒，太讓人羨慕了。你看我，不只要付房貸，還一直被小孩的教育費、孝親費追著跑。我也想過著和你相同的人生，但已經太遲了吧。」

這段對話是在2018年邁入尾聲的10月，我與上班族時代同年進公司的同事久違相聚，互相報告近況時出現。

「你為什麼會覺得太遲了？」

「因為我有家庭了啊，年紀也快40了，現在哪有辦法挑戰新事物啊。只能這樣當一輩子上班族，這就是我的命。」

「很多人都是40歲後才創業的喔，我覺得還沒做就放棄也太可惜了吧。」

「你說的確實沒錯，但我和你不同，背負太多東西了啦。

常聽人說『放棄夢想後就長大成人了』對吧？我已經學會放棄了。到付完房貸為止，只能放棄夢想乖乖工作啦。

老了之後會怎樣？要是知道那種事，我就不用這麼辛苦了。

但肯定會船到橋頭自然直，雖然時候還沒到，就不知道會怎樣發展。不過啊，不抱著『到時肯定有辦法』的想法，就沒辦法繼續撐下去啊。」

能力強「≠」高收入

這個朋友十分優秀，工作能力遠遠將我拋在腦後。

要是能力決定收入及生活方式，他肯定賺得比我多，有比我更加幸福的人生才對。

但是，他為什麼沒有過上那樣的生活呢？

答案就是「能力與收入並非成比例」。

幾乎所有人都認為，只要能力增長，收入就會增加，就能擁有幸福生活。但事實上，能力與收入並非成比例。

那麼，是哪點不同造成收入差距呢？

那就是「工作方法的差異」。

・認真工作
・拼命工作
・在知名企業工作
・運用證照工作

以上這些事項，與

・有錢也有閒，擁有富饒人生

是兩個完全不同的問題。

舉例來說，有個人很認真在超商打工。不管他怎麼拼命工作、提升能力，時薪最多１５００日圓。一天工作超過20小時，月收也才好不容易能達到１００萬日圓。

這就是超商打工這種工作方法的極限。

２０１８年３月，大企業會計年度結算報告中顯示，部分上市公司的員工平均年收約為６２０萬日圓。所以在大企業裡工作，也不代表收入能增加，現實沒有想像中美好。

現在是個若不正視「能變得幸福的工作方法」，人生就很難有所好轉的時代。

會有怎樣的人生，取決於工作方法。

所以，你現在非做不可的事，就是從「只是認真工作」的態度中畢業。

認真工作非常重要，但有很多事情無法只靠認真工作改變。如果不配合將來理想的生活方式選擇工作方法，根本不可能擁有富饒生活。

02 錢這種東西，就是要拿來用的！

說件和來聽我演講的聽者聊天時的事情。

他高聲抗議：「我認為錢不是全部！」

當時的演講內容為「賺錢的重要性」。

演講中，我告訴大家「不賺錢是惡」。

因為當你想要幫忙家人、朋友、重要之人時，如果沒有錢，就什麼也做不到。

只要想到自己以外的人，就不可能出現「不賺錢也沒關係」的想法，就是因為只想著自己，才會滿足於不賺錢的現狀。

所以，我告訴大家「不賺錢是惡」。

但我在這場演講中，從未說出「錢是人生的全部」這種話。

我清楚表明：「錢不是人生的全部，但是，錢是人生中很重要的東西。」

但當我一提到「賺錢」，他立刻浮現「講錢是壞事！錢才不是人生的全部！」的想法，把自己的心房關上。

不會賺錢的人，問題不是出在他們的能力，而是他們對錢關上自己的心。

為什麼一提到賺錢，人的態度就會變得消極呢？

原因在於，從小在錯誤的金錢觀教育下長大。

舉例來說，時代劇❶裡，富翁大多會以「壞人」角色登場，說些「大黑屋，你人也真壞啊」等臺詞。因而成立了「有錢人＝會做壞事」的方程式。

更進一步說，對「拿錢」有著更大的心理障礙。

今年新年，我見到親戚的小朋友時給他們壓歲錢，然後那個親戚（小朋友的父母）就說：

「真是不好意思～～快點！有沒有好好道謝！」

---

❶**編按**：以明治維新前的日本歷史為背景的戲劇、電影和電視劇，主要敘述日本歷史事件和人物，展現當時武士、農民、工匠、町人的生活。NHK的大河劇系列便是知名的時代劇。（資料來源：維基百科）

開口第一句話就是「不好意思」。

根本沒什麼值得抱歉，只要直率說「謝謝」就好了。

而且壓歲錢也沒到小朋友手上，而是父母收下，因為這裡也有個「不讓小孩拿錢」的前提。所以父母不讓小朋友用錢，而是存起來替孩子的將來做準備。

其實，就該讓孩子有花錢的經驗，那點小錢再怎麼存也沒有多少，不如讓孩子自己拿去花反而更好。

趁著孩提時期，親身經驗「怎麼花錢才會讓身邊的人開心、幫助自己成長」，比把錢存起來更有價值。

捨棄「先付出＝損失」的想法

當然是越早養成不亂花錢的習慣越好。

但是，如果只想著存錢而就這樣漸漸變老也相當危險。

這是因為會在不知不覺中，把「增加存款金額」變成目的，將「不想減少存款金額」看得比「把錢用在重要事情上」更重要。

實際上，世上有許多人，與收錢時的狀況類似同樣的討厭損失。極端一點的人，連減少一塊錢都討厭。

這大概是因為他們從來只關注自己的存款額，不曾花錢幫助自己成長吧。

想獲得什麼經驗，大多都得付出一筆錢。

如果想學習新的知識，就需要花錢。

去學校上學要先繳學費；想要考證照，不繳報名費就沒辦法參加考試。

先付錢是理所當然的事。

當你認為「先付出＝損失」時，就沒辦法得到巨大收穫。

03

為什麼賺越多卻花越多呢？

幾乎所有人都對金錢抱持著恐懼。

對錢變少的恐懼、對手邊沒有錢的恐懼。

舉例來說，有買過股票的人應該能懂，看到自己的錢稍有減少，是不是就會感到恐懼呢？或是只要稍有增加，就會因為害怕減少而立刻放手，可能還有人在大跌時因為害怕而陷入恐慌。

不管是增還是減，金錢的變動都會動搖人的情緒。

我自己很少使用現金，幾乎都用信用卡。前幾天，有個人對我說了這句話：

「岡崎先生，你不覺得信用卡很恐怖嗎？」

用信用卡付款就可以不帶現金，如果掉了，只要報失申請止付，就不會有任何問題發生。掉信用卡比掉現金更讓人來得安心，加上點數的回饋，信用卡遠比現金優秀多了。

因此，我回問：「你為什麼會覺得信用卡很恐怖？」

他接著回答：「用信用卡付錢就會不小心買太多，如果是現金，手頭有多少只能花多少，所以比較安心。」

但是試想，這真的是信用卡的問題嗎？

有個名為「帕金森定理❷」的知名定理，將這個定理運用在金錢上，就會是「有多少收入，花費就會隨之膨脹」。

如果花錢時不多加思索，就會把到手的錢全部花掉。

這裡的最大重點在於「花錢時不多加思索」。

如果事先想好該怎麼用錢，就不可能發生這個問題。賺越多也花越多的人，

❷**編按**：在完成期限內，工作量會增加到填滿所有可用時間為止（work expands so as to fill the time available for its completion）。由英國作家帕金森（Cyril Northcote Parkinson），於１９５５年《經濟學人》雜誌的投稿中所提出，此概念也常被應用在官僚組織的擴張。（資料來源：維基百科）

就是滿腦子只想著「花錢」的人。

因為「很便宜啊」、「我想要嘛」、「別人也有」等理由就花錢。

他們花錢的目的不是追求效益，而是追求虛榮與快樂。

判斷「效益」後再花錢

舉例來說，看到朋友拿名牌包自己也想要、看到朋友開好車就有種輸掉的感覺，這些想法會讓人想打腫臉充胖子。

而最近，看社群網站上的貼文，可以發現許多人只是為了拍攝「美照」，就特地跑去一家根本不想去的店。

其實，對金錢恐懼感越大的人，越容易為了滿足虛榮與快樂而花錢。

但是，好高騖遠根本沒有盡頭，欲望只會不斷增加，接著便出現有多少錢就花多少錢的狀況。因此才會覺得「要是我有信用卡，就會花過頭，所以很恐怖」。

如果你想要獲得財務自由，花錢前最先需要思考的就是「效益」。

所謂效益，就是思考「這對自己有價值嗎？身邊的人會開心嗎？對自己的成長有幫助嗎？」等事情後再花錢。

經濟富裕的人，花錢之前絕對會先思考「效益」，思考這筆錢花出去後，對自己的將來到底是有利還是有弊。

如果沒有益處，就算只要一塊錢也不花。反之，若是有益處，不管多少錢都願意花。

想要學好工作法與金錢觀，務必要克服的當屬對金錢的恐懼。

需要學習何謂有效的金錢使用方法，並且確實掌握。

更何況現在這個時代，使用線上支付或是電子錢包漸漸變成理所當然。

再更進一步說，在這朝著「無現金社會」發展的時代中，說什麼不用現金就沒辦法管理金錢，被恐懼耍得團團轉的人，到底還能做什麼啊？

04

「只懂」工作到老是賺不到錢的

我出社會第3年時，對某件事情感到相當不可思議。

那就是「明明那樣拼命工作，薪水卻沒有增加多少」。

我一直以為只要持續工作下去，薪水就會隨著年資增加。但現實是，我工作的當下早已是工作時間與薪水不成正比的時代了。

你呢？

是不是也覺得「只要認真工作薪水就會上升，就會變得富裕」呢？

但很遺憾，大多不會出現這種狀況。這是因為，不管在哪個時代，單單認真工作，都不會讓你的薪水上升。

「不對、不對，也曾經有過每年都會加薪直到退休的時代吧？」

大概很多人這樣認為吧，很遺憾，這只是大家誤會了。

舉例來說，假設你現在打算要買洗衣機。

一臺是功能和10年前一樣的洗衣機，一臺是有最新功能的洗衣機，你願意多付一點錢買哪一臺呢？肯定是願意多付一點錢買最新功能的洗衣機吧。

因為比起「從以前就有」的東西，「性能更優秀」是更重要的要素。

這種想法也能套用在經營者身上。

經營者花錢購買勞工的勞動力。身為人類當然會有特別的感情，但巧婦難為無米之炊。營業額上升，公司有利潤後，才有辦法發薪水給員工。

在社會上，就算工作很長一段時間也可能被裁員、減薪，這種事情層出不窮。

也就是說，不是年資長使得薪水上升，而是年資長的人更熟練工作，因此這些人的產能更高，所以收入才會上升。

所以只是年資長的人有收入變高的傾向，但實際上，年資和薪水並非成比例。

現今社會，越年輕越優秀

那麼，今後會變成怎樣呢？

隨著AI和機器人工業的進步，出現了許多比人類更加優秀的機械，今後，這股風潮只會持續加速。

你可以到 YouTube 上搜尋 Amazon 倉庫的影片看看，裡面幾乎沒有人工作業。機器人做好必要的分貨後，人類只需負責最後確認工作。就連分貨這種需要「思考」的步驟，都已經漸漸不需要人力了。

再舉一個近在身邊的例子，現在人手一臺的智慧型手機，在10年前完全不普及。明明前不久大家都還拿著傳統手機，才沒一會兒，已經無法想像沒有智慧型手機的生活了。

這類變化速度只會越來越快。

只要再過個5到10年，因為完全不同技術的出現，現在的年輕人也會立刻變成落伍者。

而不管哪個時代，將最新技術運用自如的永遠都是年輕人。也就是說，未來極有可能變成越年輕越優秀的社會。

區塊鏈的技術，就算只有概要，大家也要有點概念比較好。

區塊鏈可能給人強烈「虛擬貨幣」的印象，但其實區塊鏈並不是為了虛擬貨幣而開發出來的技術，只要想成是在網際網路中擴展的巨大資料庫就好了。

這個巨大資料庫的特徵，就是機密度與可信賴度極高。理論上，完全沒有辦法竄改其中的資料。

因此我們就能使用這份值得信賴的資料，將契約工作全自動化，還可以追溯原本的資料，連商品的原料與製作者都能查知。

也就是說，至今由人工作業的大部分工作，都可以藉由區塊鏈的技術完成。

如此這般，時代正以前所未有的速度快速變化。

在這之中，我們也得要思考工作法的轉變才行。

「年資長＝優秀」的時代已經結束了，就算年資長，只要沒辦法變優秀，收入就不可能上升。

只要還是受僱者，就必須維持將最新科技運用自如的能力，因為未來的時代，你的對手是年輕人。

而生產力越高的人薪水也就越高，就算年資夠長，只要工作能力不好，收入就不可能上升。

05 不改變工作方法，時間只會越變越少

我以前曾在某家麵包工廠工作。

我在工廠裡的工作，就是「把輸送帶上的麵包放到托盤上」。

從晚上10點開始做到隔天早上8點，時薪大約1000日圓，以當時來看，那個時薪算是不錯了，但我真心想著：

「我再也不想做這種工作了！」

為什麼？答案很簡單，因為很無聊。

重複將輸送帶傳送過來的麵包放到托盤上的動作，才做一小時，我就要開始和睡魔對抗了。

雖然講這種話很過分，但我真心覺得「這是人類該做的事情嗎？」。不管怎麼

想，都覺得該讓機器人來做，既不會出錯，也不會抱怨，效果非凡啊。

我不知道那間工廠現在狀況怎樣，但人類在那裡的工作應該已經變成控制機器了吧。

那麼，假設在此爆發了「機器人 vs 人類」的大賽。

機器人不論晝夜，不管多久，都能持續做相同動作。相較之下，人類需要休息；機器人不會抱怨，人類卻會因為工作環境或條件而有所怨言。

如此一來，公司老闆當然會想：

「既然如此，就讓機器人來工作就好了啊。」

哎呀，沒工作可做就糟糕了，於是人類需要採取行動與之對抗。

選項有二：

(1) 做得比機器人還快

(2) 成本比機器人還低

要是能做到⑴就好了，但在作業單純的世界當中，這一點也不現實。如此一來當然只能選⑵，因而造成時薪下降。

但時薪太低也不足以生活，此時就需要拉長工時，結果只會讓自己的時間越變越少。

班傑明・富蘭克林曾經說過：

「人生中最重要的東西就是時間，因為人生就是由時間所構成。」

如果不思考工作方法，就會不斷浪費時間。

你的工作會突然在某天消失

這不只會發生在麵包工廠這類作業單純的世界當中。

其實早已發生於你的職場中。

當我還是上班族時，其中一個工作就是引進系統。

這是一個自動收集資料，以這個資料為基礎畫出圖表、做報告書的工具。

引進這個系統之後，

- 收集資料
- 資料加工
- 製作報告

等三項工作就不需要人力作業。

企業引進系統的理由，就是想要提升作業效率、節省人事成本。如果引進系統還沒辦法節省人事成本，對公司來說就沒有任何好處。所以，引進這個系統後，便裁撤了當時的資料部門。

就像這樣，引進新系統後工作就會變少，你的工作極有可能因而消失。

不僅如此。

還有種工作方法叫做「外包」，不是交由公司內部員工，而是委託其他業者的工作方法，為什麼要這樣做呢？

答案很簡單，因為這樣便宜又正確。

比起公司內的外行員工，委託其他公司的專家來做效果更好，而這類案例正逐漸增加。

營運專家、系統架構專家、法律專家等等，每個領域都能有專家，都能找到外包廠商接案。另外，像稅務等工作，也因為會計系統發展而達到相當程度的自動化，公司內已經不需要專門處理會計的部門了。

如此這般，因為外包與新系統出現，現有的工作正逐步消失。

如果什麼也沒想、什麼也沒準備，就只能用拉長工時與之對抗，進而導致失去自己寶貴的時間。

06 金錢，只不過是數字而已

「岡崎，真要說起來，你覺得金錢到底是什麼？」

在我還是上班族時，請我的導師替我上個別課程，導師在我接下來就要開始賺錢的時候，問了我這個問題。

此時的對話，大幅改變我對金錢的思考方法，所以我特地將當時的對話幾乎原封不動寫下來。

「金錢是勞動的代價，對吧。我認為是工作了多少，特別是工作了多少時間，就能獲得多少金錢。」

「也就是說，你把時間換成了金錢，對吧。」

「我認為可以這麼說。所以才會造成幾乎所有人，不是有時間沒錢，就是有錢沒時間。

我自己也是一樣，一個月加班超過100小時，所以在同齡中應該算賺得多了吧。但我沒有時間，雖然也想要去旅行，但根本沒時間，所以幾乎都把錢花在下班後去喝一杯。」

「但這個世界上也存在有錢又有閒的人喔，你認為那些人也是把時間換成金錢嗎？」

「老實說我不清楚，而且說起來，雖然我在理智上知道有這些人，也在網路上看見許多人活得很開心，但是我也不太清楚到底該怎麼做才能變成那樣。」

「原來如此，如果是這樣，你就需要先改變對金錢的觀念。從結論說起，金錢這東西，只不過是數字而已。」

「欸？不是吧，這我不太能同意耶。怎麼能說金錢只不過是數字，可以請你告訴我為什麼這樣說嗎？」

「舉例來說，你剛剛說金錢是勞動的代價，對吧。同時你也理解把時間換成金錢這件事。

但是，也有很多人不把時間換成金錢。

舉例來說，擁有不動產的人，他們就不是把時間換成金錢，而是把不動產換成金錢，所以對他們來說，金錢代表不動產的價值。

除此之外，像是部落客，不管他們寫多少文章，這些文章都不會馬上變成錢，所以他們也不是把時間換成金錢。

那麼是把時間換成什麼了呢？應該有人把它換成帶給其他人的樂趣，或是對自己的信賴吧。所以對他們來說，金錢可能是帶給別人歡樂的量，也可能是對自己的信用度。

也有一群人被稱為演說家，他們並沒有創造出什麼有形的東西，但他們可能改變他人的人生，所以金錢可能是他們對他人人生產生影響的量。

金錢代表什麼因人而異，你能理解我的意思嗎？」

「我是聽懂了，但我還是不太能認同金錢只是數字。」

情緒別因為金錢增減而起伏

「幾乎所有人都想要讓金錢有所意義，所以情緒會隨之起伏。增加時喜悅，減少時悲傷、憤怒。在心情因金錢增減而起伏之時，就沒辦法正確的理解金錢。金錢本身只不過只是數字，僅是因為人類的判斷而產生了不同意義。舉例來說，如果你的存款多了1億元，你會怎樣？」

「那當然會超級開心啊。」

「那如果禁止你提領呢？」

「這樣一來就沒有意義了，但真的會有這種事情嗎？」

「其實是有的，就算有1億存款，要是這筆錢是個擔保品，那就沒辦法提領。實際上，很多經營者都是這樣。為了替事業做擔保，所以開了定存帳戶，對這些人來說，金錢不是拿來花用，而是拿來取得信用。因為目的在於取得信用，所以金額本身根本毫無意義，情緒也不會因金額增減而起伏。」

「我不太能想像，情緒不會因為金額增減而起伏的世界是怎樣的世界。」

「但是，如果能變成那樣，你覺得你會變得如何呢？」

「如此一來，感覺行動就能不受金錢束縛，而能變得更加自由。」

「很棒，就算現在做不到也沒關係，重要的是，要想像能做到時會變得怎樣。

我不是告訴你不增加金錢也沒有關係，但只要你的心情會因為金錢增減而搖擺，你就沒辦法自由。

我們先把對金錢的錯誤價值觀擺到一邊去。金錢本身並沒有價值，為金錢附加價值的是自己。如果認為金錢本身有價值，人生就會被金錢耍得團團轉，但如果是你自己為金錢附加價值，就算不賺錢，你也能因為重視自己的價值觀而採取行動。

對你來說，金錢的價值是什麼呢？」

「老實說，我還沒有想到那邊……」

「你可以在接下來決定這件事。如果計算成帶給他人夢想的量，那就不會只重視增加金錢這件事，還會重視給予他人夢想的行動以及金錢的使用方法吧。如果說是社會貢獻，也會把錢花在社會貢獻上吧。肯定不再只會單純執著於增加金錢。

只為了增加金錢而努力的人叫做『暴發戶』，這類人根本沒有辦法變幸福啊！」

2

活著不需要被「金錢」、「時間」與「地點」束縛

07 別再被金錢、時間、地點束縛了！

我現在正在從西班牙飛往日本的班機上撰寫這篇原稿。

2018年年底，我為了要在巴塞隆納跨年而到了西班牙。世界一流的觀光都市巴塞隆納，這裡不只有聖家堂，還有許多觀光資源，跨年煙火也相當盛大。大概是全世界第一絢爛的跨年活動了吧。

世界上有種被稱為「財務自由人」的族群，這是一群歌頌著時間與財務自由的人。

我也曾承蒙幾位財務自由人的關照。

只要一到花粉季❶，就會跑到沒有花粉的地方工作的人；因為喜歡峇里島，為了衝浪而邊往返日本和峇里島邊工作的人；住在新加坡的同時處理日本工作的人；以 Instagramer 身分，沒有特定據點，邊在各地旅行邊上傳照片過生活的人……等等，是群形形色色的人。

我在這次旅行西班牙的期間，也處理完與在日本時無異的工作量。

也就是說，「人在辦公室裡工作」並非全部。

我以前也曾想過：

「成為一個上班族，一輩子一步一腳印工作就是幸福，這就是我的人生。」

回頭想想，我覺得這並非一個糟糕人生，但很遺憾，同時也是個相當不自由的人生。

別拿金錢，而要拿其他價值當判斷基準

正如我先前所述，只是你自己不知道，世界上其實有非常多財務自由人，有

❶ **編按**：主要在日本每年的3、4月份，由於杉、檜樹的花粉大量紛飛而造成人們過敏。

許多盡情享受自己人生的人。

財務自由人的特徵，就是「若為自由故，萬事皆可拋」。他們討厭被時間束縛、不喜用金錢判斷事物。

舉例來說，假設現在要去喝酒，那麼，你的腦海中是否會冒出「找間便宜一點的店好了」的想法呢？

如果你這麼想，代表你是拿金錢在判斷事物。

其實，選擇場所的基準應為「與對方共度的重要時光為何」。

如果是和女友約會，可以選擇氣氛絕佳的飯店餐廳；如果是慶祝與許久不見的朋友再會，去酒吧或許不錯；如果是平常一起喝酒的夥伴，或許就很適合去可以開心吃喝聊天的輕鬆居酒屋。

選擇場所的重點不在金額，而是與對方之間的關係。

財務自由人絕對不會被金錢束縛，因為他們選擇事物的基準不是「金錢」。

順帶一提，以「提問家」身分活動，著書超過30本，我相當敬愛的松田充弘先生就是個財務自由人，他曾在演講上提過這件事情：

「我每天會花一小時和妻子討論『今天晚餐該怎麼辦』，不是討論『想要吃什麼？』而是討論『想要度過怎樣一段時光？』」

好帥氣啊。依照想度過怎樣一段時光，來選擇合適的餐點以及場所，不覺得這超棒的嗎？

如果金錢有所限制，就連旅行時也得找「便宜就能去的地方」吧，但是財務自由人，不只會選擇自己想去的地方，還會選擇當地最棒的季節。

如果想要有奢侈體驗，就去高級度假區；如果想要享受雜亂的氣氛，也可以到發展中國家繞繞。

而不管怎樣，選擇的重點都是「是不是真的想去？」而非價格是否便宜。

這不僅可用於旅行以及飲食，買東西時亦是如此。購買的理由不是因為那是名牌品，而是因為「真的想要」。連住處也是，會住在對自己而言有價值的地方。

我家兼辦公室位於東京的汐留❷，常常有人問我這個問題：

「你為什麼住在汐留啊？稍微遠一點就可以找到相同格局，但價錢更便宜的房子吧？」

對此，我的回答是「在這邊工作起來比較方便」和「想要讓造訪的人感到開心」，因為對我來說這些才有價值。

工作屬性緣故，我需要與許多人見面，所以交通越方便的地方越好。以這個條件考慮，汐留這個地區給人的好印象、幾乎與車站相連結的便利性、踏進大樓入口時的特別感，以及進房後就在眼前的東京鐵塔……。

幾乎所有人來的時候都很開心，這對我來說相當重要。

找房租更便宜的地方很簡單，但如此一來，我就無法得到我想要的效果。

實際上，這世界上有群人選擇事物的標準是「對自己有價值」，這是群不被時間、金錢以及無謂的面子束縛而活著的人。

這些人就被稱為財務自由人。

❷編按：汐留是位於日本東京都港區的街區，曾是東京的鐵路貨運樞紐。1986年汐留貨運站廢止後，自1990年代中期起在此進行大規模的區域再開發計畫。現今有多間企業總部如軟銀集團、Panasonic電工、富士通、資生堂、全日本空輸以及眾多國際級大飯店坐落於此。（資料來源：維基百科）

08

財務自由人與財務「不」自由人的四個不同

思考方法的不同，會創造出不同的結果。

舉例來說，請問以下這幅畫畫的是什麼呢？

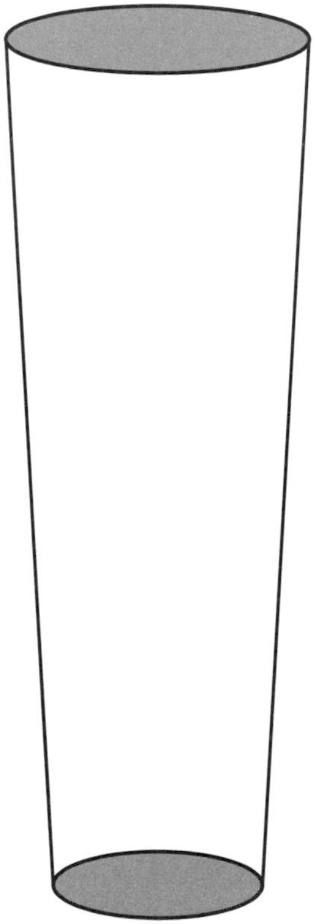

多數人都會回答「杯子」吧。

那麼，這幅畫又是什麼呢？

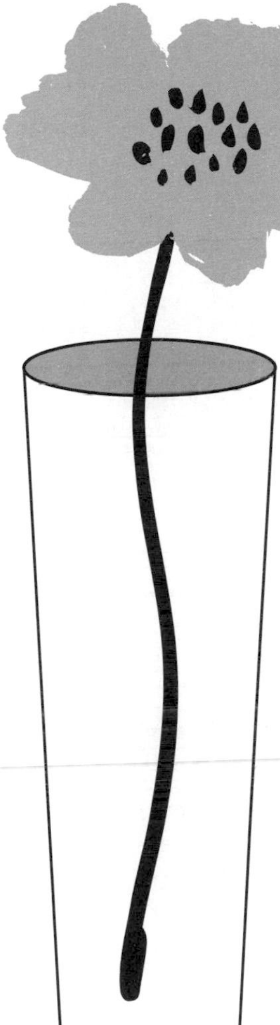

看到這幅畫，應該會回答「花瓶」吧。

明明是相同的容器，答案卻會因為裝了什麼，或正準備裝入什麼而有所改變。

我有個朋友是護理師，他曾說過一件相當有趣的事情。

年底全部工作都結束後，工作夥伴們會一起喝酒，那時他們會拿尿檢用的紙杯來裝啤酒。一般人應該都會覺得噁心吧，但他們完全不在意。順帶一提，我哥在研究室裡工作，他也曾笑著說：「我會用燒瓶來喝啤酒呢。」

如此這般，在現實中，我們不會將相同物品視為同一種東西。

財務自由人和財務「不」自由人的想法完全相反

有句話說「成功與否，取決於思考習慣」。

即便是相同物品，該如何使用這個東西、會創造出什麼東西，全都取決於那個人怎麼思考。

與之相同，財務自由人與財務不自由人，兩者的思考從根本就完全不同。

在此介紹四個最大的思考差異。

(1)自由或安定

幾乎所有財務不自由人都追求著「安定」，重視福利好壞、看重工作是否能做一輩子、該怎樣才能讓退休後不愁吃穿等等事項。

換言之，可說是「重視生活無虞」，喜歡有保障，雖然對嘗試新挑戰有憧憬，卻不會採取行動。

而財務自由人重視「自由」，財務自由、時間自由、工作地點的自由、人際關係的自由。

他們把樂在其中與挑戰性的順位擺在生活無虞之前。

不是將時間換成金錢，而是把時間換成提升人生的價值。

(2)是否在意做得到、做不到

財務不自由人會以「適合、不適合」、「做得到、做不到」為基準選擇事物。

舉例來說，選擇就職公司時，判斷基準為「是否為自己能做到的工作」、「這份工作適不適合自己」，會想要活用自己至今的經驗，做自己感覺會喜歡的事情。

財務自由人則會以「對自己是否有價值」為基準做選擇。

他們不在意「適不適合」、「做不做得到」，就算是做不到的事情，也想著只要讓自己學會就好。而且說到底，根本沒有事情打一開始就能做到。他們知道「做不做得到」取決於「有沒有去做」。

他們相信，現下做不到的事情，肯定也會在實際動手後學會。

所以他們完全不在意做不做得到。

(3)擁抱風險或是逃避風險

財務不自由人非常厭惡「風險」，他們不想背負風險，完全不想有任何損失。有許多人只是聽到有風險，就直接放棄思考，接著開始尋找「不需要去做」的理由。

財務自由人，明白可能性會從擁抱風險中誕生。

他們當然也有恐懼，但正因為有恐懼才會努力去理解。他們十分清楚最大的風險就是「無知」。

接著，積極擁抱每一個能承擔的風險，就算最後以失敗作結，也會成為自己的經驗。

他們不會還沒做就先下判斷，如果是能承擔的風險就採取行動，更加重視從中得到的經驗。接著，拼命地思考該怎樣才能將承擔的風險轉變成利益。

(4) 願意先付出，或是追求立竿見影的回報

財務不自由人，只要一工作，就想立刻獲得金錢或報酬。如「勞動的代價」字面所示，他們重視獲得作為代價的金錢。

財務自由人，比起現在馬上拿到手，更重視將來的獲得。就算沒辦法立刻看見結果，也會為了將來先付出。即使先付出的暫時拿不回來，他們也認為累積經驗有價值。

09 尋找問題前，先尋找可能性

某個地方住著兩個少年。
他們兩人感情很好，總是形影不離。
但他們的思考方法完全不同。

這兩個人，某天看見甜甜圈。
其中一人這樣說：
「你看，這個甜甜圈中間挖空了一個洞耶。」
另一個人接著說：
「這肯定是甜甜圈師傅小氣挖掉的。」

聽到這句話，另一人回答：

「不，肯定是因為這樣會更好吃。」

又有一次，他們兩人討論神明的話題時。

「為什麼神明看不見啊？」

其中一人回答：

「肯定是因為神明很壞心，所以才不願意現身、不願意為我們做任何事。」

另一人接著回答：

「肯定是因為神明相當溫柔，而且非常信任我們，所以才不現身，默默地保護我們。」

他們兩人所見之物相同，卻有著完全不同的想法。

一個人尋找事物的問題，而另一個人則尋找事物的可能性。

你認為哪一位少年能開創出幸福人生呢？

某天，我的導師帶著幾位學生一起到景觀餐廳去吃飯。我們都很開心驚嘆「景色好美喔！」而導師如此說：

「有這麼多棟大樓，大家擁有其中一棟也不為過吧。我也常常在想，到底該怎麼做才能擁有更多不動產。」

我先前曾提到，是否成功取決於你的思考習慣。看見相同東西後出現什麼聯想，就是取決於思考習慣。

財務自由人無時無刻不在思考「怎麼做才能順利進行？」

看見大樓會想著「該怎樣才能得到那棟大樓」，看見生意興隆的店家就會思考「該怎樣做才能創造出相同盛況」。

他們都是以「既然有大樓，就代表有蓋大樓的人，那麼，我也能自己來蓋一棟」為前提。

反過來說，財務不自由人在挑戰之前就會想著「反正我就是做不到」。

所以才沒辦法開始一場「該怎樣才能辦到」的聯想遊戲。

將「困擾」變成轉機的方法

順帶一提剛剛的那兩位少年。

這兩位少年就在大家的腦袋當中。

只不過，你可以選擇聽從誰的意見。

人類理所當然會把視線聚焦在缺陷上，是要將「困擾」轉變成商機，或是轉變成不滿，這兩者之間的差異，就是創造出經濟是否富饒的關鍵。

舉例來說，我小時候根本沒有寶特瓶這種東西。寶特瓶肯定是有人從「不想要帶笨重水壺，要是有輕便好攜帶的容器就好了」的想法開始聯想，接著製作出的東西。

如果只是想完「為什麼水壺這麼重！太不方便了！」就結束，當然不可能產生商機。

特別是聰明人更需要多注意。

把聰明的腦袋用在什麼上面，創造出的結果就會出現大幅差異。

我的朋友中，有畢業於東大的超級菁英，但他的前提總是相當悲觀、消極，當我思考新的商業模式，詢問他意見時，他總是會說：

「岡崎，你聽好了，這個商業模式有三個問題。第一個……」

因為消極意見也很重要，所以我會聽他說，但光消極是不可能創造出新事物的。

聰明人，一不小心就會把腦袋用在思考「這件事情到底有多困難」上，導致沒辦法實際採取行動。

難得有顆好腦袋，別把腦袋用在尋找問題上，試著轉為思考「該怎樣做才能辦到」吧！

10 時間比金錢重要，而經驗比時間更重要

把金錢和時間放在天秤上，你重視何者呢？

我當上班族時，曾經如此思考過通勤問題：

「如果公司有房租補助，那我就想要把房租價格壓在補助範圍內。如此一來就能減少一點支出，反正公司會出交通費，就算遠一點，選擇房租便宜的地方住，通勤時間就拿來看報紙也不錯吧。」

抱著這種想法當了3年上班族後的某一天，我遇見了我的導師，導師對我這樣說：

「岡崎先生，你重視時間還是重視金錢？」

「當然是重視時間啊。」

「這樣啊，但實際上，你重視金錢更勝於時間呢，所以你才會財務不自由啊。」

我一開始根本搞不懂他的意思，在我的心中，我認為財務越自由的人，應該更重視金錢才對。

但是，事情看來似乎並非如此。

其實，財務越不自由的人，越容易拿金錢當成標準思考事物，而財務越自由的人，會以「時間比金錢重要」為標準思考事物。

「通勤時間根本是浪費，特地把時間花在浪費上根本毫無意義。雖然有人說『可以看報紙』或是『可以滑手機打發時間』，但你不覺得同樣都是看報紙，在咖啡廳裡看報紙更棒嗎？說滑手機打發時間的人更不像話，你知道打發時間的英文怎麼說嗎？

是『KILL The Time』，殺死時間耶。人生就是由時間構成，把時間殺了，不就等同於殺了自己的人生嗎？」

晴天霹靂。

我理智上清楚明白時間比金錢更重要，但實際上，我也在不知不覺中重視金錢更甚時間了。

接著投資「自己」

「比起空口白話，實際動手更重要。

如果你想成為財務自由人，就需要重視時間更甚於金錢。這是因為，要獲得機制是需要花上許多時間的。

沒錢，可以想出許多方法來解決，但如果沒有時間，就什麼也做不到。財務自由人就是拿『有沒有辦法獲得時間』當標準思考事物的。

如果你考慮房租補助，而選擇花許多時間通勤，那就該立刻停止這種行為。連思考『到底該怎麼辦』都嫌浪費時間，總之，當務之急就是要先停止浪費時間。然後，把多出來的時間拿來投資自己。」

「投資自己嗎？」

「創造出金錢的一切資本就是你自己，鑽石的原石要是不琢磨，就只是塊石頭，人也相同，不琢磨自己就無法發光發熱。

一提到賺錢，大多數人會說『去買股票就可以了嗎？』或是『去買不動產就可以了嗎？』

但在這之前，要先琢磨自己，讓自己成為一個能賺錢的人。

財務自由人會先投資自己，因為自己的成長更重要。

財務不自由人會先在自己以外的東西上花錢，像是可有可無的東西，或是只是因為想去而出發的旅行。也有很多人會在興趣上努力。

那些事情，等到自由後想做多少就能做多少，但說著沒有時間、沒有錢，在不自由之中做這些自己想做的事情，才會讓自己的人生變得越來越不自由。

財務自由人會拿多出來的時間投資自己，閱讀、參加講座，或者是花時間和對自己有助益的人交往。

聽好了，時間比金錢重要，而經驗比時間更重要，尤其是能讓你成為財務自由人的經驗。

然後要花錢學習，如果覺得浪費而對學習錙銖必較，只會讓你浪費更多時間。」

11

重視社會資產與個人能力資產而非金融資產

前面提到，財務自由人會最先把錢花在自己身上，那麼，把錢花在自己身上到底是怎麼一回事呢？

在此要介紹「消費」、「浪費」、「投資」等概念。

金錢與時間的使用方法，肯定可以分類到其中一個項目中。

「消費」：日常生活所需之物

↓指的是房租、水電、瓦斯費等，不支付就沒有辦法過生活的花費。

「浪費」：不必要的支出

↓不必要的續攤、拼命玩手機遊戲等等。

「投資」：為了將來可以產出價值的東西支付金錢

↓股票投資或是閱讀等自我投資。

接著，在此將未來可以產出價值的東西稱為「資產」。

資產又可分為三大種類。

分別是「金融資產」、「社會資產」以及「個人能力資產」。

「金融資產」：產出金錢的資產

↓包含股票、不動產或事業等等。

「社會資產」：職稱或是人脈等等

↓「經營者」這個職稱、有超過百位演藝圈圈內人士朋友等等。

「個人能力資產」：個人的經驗或技能，身為人的魅力

↓和導師的邂逅等等。

幾乎所有人只要一想到「要變成有錢人！」立刻就想從金融資產下手，但實際上，以上三項資產中，金融資產是最後才應該得到的。

該得手的資產順位

舉例來說，我們常聽到中樂透的人最後有什麼下場這類的故事。

「中了1億元！就拿這個當資本，繼續錢滾錢吧！」接著開始投資，結果完全不順利，如果只是歸零了還算好，還可能因為槓桿效應❸而過著負債生活。最後只能宣告破產，變得比中樂透前更潦倒……這類的故事。

為什麼會出現這樣的狀況呢？這是因為他們弄錯構築資產的順序了。

最先該獲得的應該是「個人能力資產」。

❸**編按**：透過資金借貸的方式來獲得一種乘數效果，以賺取更高的利潤報酬。但相對的，虧損時的損失也會更大。

或許也需要一些商務或金融知識，當然，想要全部自學有難度，所以需要花錢、花時間向他人學習。閱讀或是參加講座也不錯，如果能有一個「想要向這個人學習」的人就更棒了。

講嚴肅一點，就是導師。聽說「學習」這個詞彙的語源是「仿效」，仿效一個想要學習的人，就是最快、最有效建構起個人能力資產的方法。

後面會向大家解說與導師相處時有哪些重要的事情，而導師自己也會選擇想要交往的人。

如果你不懂禮儀、規矩，擺出失禮的態度，導師大概也不想和你來往吧。己所不欲，勿施於人，而施與人的，乃己所欲，如此一來，肯定可以和導師建立起良好的關係。

在此希望大家多加注意的，就是「只接受不付出」的關係遲早會破裂，即使是師徒關係，也要思考自己能做些什麼，為導師付出會比較好。

接下來該獲得的是社會資產。

社會資產就是社會信用，以及從中獲得的人脈。

建構社會資產最好的方法，就是實際創業。

舉例來說，我自己經營餐飲店。不管誰來看，餐飲店就是餐飲店，首先，應該沒有人會覺得餐飲店「很詭異」吧，所以對我來說，經營餐飲店的價值，比起收入，更重要的是可以建構起社會資產。

而從結果來說，社會信用與人脈可以帶給我商機以及「正經」的投資訊息。這類正經的投資訊息，基本上只會找上值得信賴的人。這是因為如果真的能賺錢，大家都會想要告訴重要的人。

我的朋友中，有個聽信「不正經」投資訊息，結果吃了大苦頭的人。他聽信「年利20％在轉，你要不要湊一腳？一股300萬日圓起跳，如果不立刻決定，就沒這個機會了。就算借錢來投資也賺，我可以告訴你要去哪裡借錢」後花錢投資，結果對方捲款潛逃。

簡單來說就是遇到詐欺，這些人當然不會拿這類騙人的事情找上重要的人，所以才會跑去找不怎麼熟識的人，收了錢後消失無蹤。

真有價值的投資，只會找上建立起信賴關係的人。

如果想建構金融資產，就要先建立起值得信賴的人脈，為此，你就需要先建構社會資產。

萬一有個和你關係不怎麼密切的人突然找你投資，請記得，那些幾乎都是詐欺。

最後才輪到金融資產。

正如我剛剛提到的，只要建構起社會資產，就會得到非常多建構金融資產的資訊。而建構好個人能力資產，有了足夠經驗之後，你就能判斷這個金融資產是不是真的有價值。

首先，要先投資個人能力資產，接著以此為基礎建構社會資產，最後才能得到金融資產。財務自由人肯定都是均衡地建構這三項資產的。

獲得資產的先後順序

金融資產	股票或是不動產等等
社會資產	頭銜及人脈等等
個人能力資產	經驗與技能等等

依照以下順序獲得吧！！

① 個人能力資產

↓

② 社會資產

↓

③ 金融資產

首先最重要的，就是要從個人能力資產開始！！

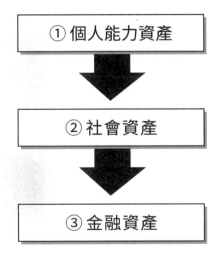

3

不管花多久時間都沒辦法變有錢的原因

12 為什麼有錢人不在超商買水？

你平常會在超商買水嗎？

如果你是理所當然在超商買水喝的人，那麼，你應該需要花費很長的時間才能擁有財務自由吧。

這是因為，你很有可能已經養成浪費的習慣了。

舉例來說，水真的非得在超商裡買嗎？你或許是因為覺得麻煩，所以每次都在超商裡買水，但仔細想一想，或許在超商買水更麻煩。

透過網路購買就能直接宅配到家，既不浪費時間也不浪費勞力。不僅如此，同一瓶水還能以低於半價的價格買到。某一個牌子的水，在超商買要花110日圓，而在網路上買只需要40日圓。

只要先思考再行動，不僅可以省錢，也能節省勞力與時間。

一次購買寄送到家，或是一次放一箱在辦公室裡，就能一口氣節省成本與勞力。

越是為錢所苦的人，越可能做出「這點小錢沒關係吧……」的花錢方法。

抱著「只是在超商買水而已，沒什麼關係吧」、「反正都打七折了，沒什麼關係吧」之類的想法。

其實，這些「這一點而已」長久累積下來，就會成為一筆巨大支出。

注意「用途不明的支出」！

有一次，我的導師告訴我「財務方面不自由的人，他們有許多用途不明的支出」。

於是，我試著確認了自己的支出。

確認之後，果不其然，有許多用途不明的支出。「大概是超商吧」、「大概是投自動販賣機吧」、「大概是喝酒錢吧」等等，有許多我自己也不確定的支出。

這就如同水龍頭沒有關緊，自來水在不知不覺中流個不停，就在你沒有發現的時候，錢不斷從你的口袋流走。

你的情況又是如何呢？

請試著重新審視自己的金錢使用方法。可以寫下來當然最好，只是回想一下也沒問題。

如果你的錢在不知不覺中減少，或總在發薪日前便早已花光光，那你可能有很多用途不明的支出，也可能已經養成浪費的習慣了。

某位知名經營者，在去他的辦公室時發生這樣一件事。

據說他看著理所當然鋪在門口的踏墊，說了這句話：

「這個踏墊真的需要嗎？花了多少錢買這塊踏墊啊？」

他是想要表示花錢買踏墊很浪費嗎？還是只想要讓員工別亂花錢而已呢？

我認為以上兩者皆非，他應該想要表達「就算只是小錢，也要思考『真的需要嗎？』後再花錢」吧。

不是因為理所當然該放踏墊而放踏墊，而是該思考放踏墊後會有什麼效果才放。如果效果相對於費用表現不佳，就該檢討是否取消。他肯定是希望大家意識這類不需要的支出，才說出這句話的吧。

說到大家可能浪費的支出，大概就是「不知道為什麼買的保險」、「貴得莫名其妙的房租」吧，還有手機約以及使用頻率不高的健身房會費等等。

請容我重新問一次，你是否有「不知不覺的支出」以及「用途不明的支出」呢？

想要獲得財務自由，首先就從重新審視自己無謂的支出開始做起吧。

我至今見過許多財務自由人，這些人大多不會亂花錢，但如果是必要的事情，多少錢都捨得花。

財務越不自由的人越容易亂花錢，卻在真正必要的事情上省錢。

首先，就從澈底戒除亂花錢的壞習慣開始做起吧。

13 年收千萬的A先生為什麼會破產？

在此，請聽我敘述一個案例。

有一位A先生，工作是他的全部，他無比努力地做著他的工作。他非常嚴謹且認真地工作，這份努力開花結果，僅僅40歲就升上大型企業的部長職位了。年收也上升到1000萬日圓。

某天，他的朋友邀他參加家庭派對。

那位朋友在外資製造商工作，收入比A先生高，而且還是單身。走進朋友家中時，A嚇了一大跳。朋友家位於摩天公寓裡，不僅有寬敞的客廳，甚至還有露臺。

A有妻小。

他想著「要是能住在這種房子，家人應該也會更開心才對吧？」回家後，就對妻子提起這件事情。

妻子也相當開心說：「難得收入也上升了，搬到好一點的地方住也不錯呢。」同意他的提議。

一查之後，發現有個房租20萬日圓左右，有寬敞客廳以及景色優美的摩天公寓。

他想著「邀朋友來這間公寓也不會感到不好意思呢！」於是決定搬到這裡住。

搬完家後，接著在意起家具，原有的家具和這個房間很不搭，這麼一擺，難得的寬敞空間和漂亮美景就全毀了……。

如此思考後，A決定把家具全部換新。

過沒多久，A的妻子開始習慣公寓生活，也交到新朋友了。

某天，她和朋友約好一起去購物，搭乘朋友的便車前往。

沒想到她朋友開的是高級名車，讓她根本不好意思說出自己家裡開的只是中古輕型汽車。

那天晚上，妻子對A說：

「我們都住這麼好的公寓裡了，開輕型汽車有點不像樣，要不要趁這個機會換一臺好一點的車啊？」

支出不斷增加，A當然沒有辦法全部付現，所以是申請貸款購買。就在負債增加後的某一天，悲劇降臨了。

A的公司竟然破產了。

很遺憾，他根本沒有能力支付貸款，原本高收入的他，也很難找到願意支付同等薪水給他的公司。

他只好一把鼻涕一把眼淚申請個人破產，決定一切從零開始。

以上是個虛構故事，但其實很常見到類似狀況，打腫臉充胖子花錢的結果，就是買了一堆負債，最終導致自己破產。

誤以為是資產而購買負債的不自由人

財務不自由的人，問題不是出在「收入」，而是因為他們與金錢相關的素養不足。

舉例來說，幾乎所有人都認為房屋是資產。

但從結論來看，房屋基本上是負債。

就金融資產的角度來看，如果有收入進帳那就是資產，如果只是不斷支出，那就是負債。

房屋是讓你不斷支出的東西，所以是負債。

或許會有人說「反正租房子也要付房租，那跟付貸款有什麼兩樣？」其實這是錯誤的觀念。

舉例來說，如果你要買價格３０００萬日圓的新成公寓，在你購買的當下，價值已經只剩下１５００萬日圓左右[1]，實際上只有一半的價值。

也就是說，你是從損失了１５００萬日圓的狀況起步。

接下來，如果申請了房貸，就需要付利息。雖然因還款年數不同而有差異，但最後總計，幾乎要付出４０００萬日圓。

不僅如此，還得花費修繕費用，如果家庭成員結構出現改變，可能也還得再搬家。

我不是說大家絕對不可以買房，問題在「是否考慮這些風險後還選擇購買」。你也得要好好思考，自己是不是只是聽信「房子是資產」、「反正都要付房租啊」、「為了家人的幸福」這類不知打從哪來的謠言呢？

財務越不自由的人，越可能會購買以為是資產的負債。

有收入進帳的才是資產，不斷支出的都是負債。

請你一定要牢記這件事情。

讓自己別出現誤以為是資產而購買負債的狀況。

❶**編按：**此為日本之狀況，我國房市折舊狀況沒有日本來的嚴重，至於實際之折舊率須依地點、年份等條件而定。

14 當你的時間不自由時，不應該買股票

在我還是上班族時，因為想多賺一點錢，就跑去買股票。

當時正值股市起飛時期，四處充斥賺錢話題，加上上班族也能簡單嘗試，所以我也從「首先就從買股票開始吧」下手。

當然，因為不想要虧損，所以無比在意漲跌。結果在公司上班時也滿腦子股票，根本無法工作。

股票跌了就感到不安，漲了也會覺得「會不會馬上就跌了啊？」而變得不安。

就這樣，無論何時，不安總是常伴左右，結果當然也絲毫不順利。

獲得收入的方法當然越多越好，但在增加收入來源之時，多數人都會犯下一

個錯誤。

那就是只因為「感覺比較容易出手」的印象就下手。

「容易出手」和「容易做出成果」是兩件完全不同的事情。

增加收入來源時的兩大重點

增加收入來源時，有兩大重點。

(1)對本業有助益的事情

(2)不可以和本業工作時間重疊

接著讓我們分別來看吧。

(1)「對本業有助益的事情」是最基本的重點。

從長遠眼光來看，疏忽本業絕不可能會成功，得確實掌握自己收入的最主要軸心是什麼。

這當然不見得永遠都是同一件事。

舉例來說，我自己一開始是上班族。

起初以「週末創業」的形式，從不影響公司上班時間的時段開始。因為在公司以外認識的人變多，結果拓展了我的視野，對我的上班族本業也產生正面助益。

具體成形到某種程度後，當我發現時，我的週末創業收入已經比上班族本業收入還高，也因此決定切換自己的本業。

就像這樣，常常見到原本是副業，在之後切換成本業的狀況。

在同時進行兩份工作時，也要記得選擇對本業有助益的事情。

只不過，在兩者同步進行時，以及獨立創業時，有個特別需要注意的重點。

那就是，不可以拿原本任職公司的人脈與工作來用。

這種做法或許可以早一點做出成果吧，但也會因此替自己樹敵，從長遠的眼光來看，自己遲早會碰到這樣的狀況。既然曾經承蒙照顧，無論如何都別帶給公司困擾後離開。

(2)「不可以和本業工作時間重疊」也是個大重點。

如果時間重疊，就會對本業造成影響。

上班族想要得到財務自由，最推薦的方法就是「週末創業」。

這是因為，既可以錯開雙方工作時間，也可以累積許多經驗，就算資金不多，也有大賺一筆的可能性。

但是，許多人在這邊會出現一個誤會。

就是以為「上班族不可以有副業」。

會有人說「因為就業規章❷中禁止副業」，但就業規章中的規則僅適用於工作時間內，沒辦法限制工作時間外的時間。

其實，在民法、勞動基準法、勞動契約法中關於僱用契約的法條裡，並不存在禁止個人擁有複數僱用契約的規定。

❷編按：此為日本法律之規定。臺灣方面，勞動部網站亦表示勞工可於正常工作時間外兼職，惟若兼職影響勞動契約之履行時，事業單位可於工作規則中訂定具體、適當之處罰條項；至於兼職是否影響勞動契約之履行發生爭議時，應於個案中具體客觀認定之。（資料來源：勞動部／便民服務／常見問答）

反而是公司用「禁止副業」為由懲處員工，因而觸犯法律的可能性更高。

只是，如果你的副業會對本業造成影響，或是利用在本業中得知的資訊來創業，就不在此限。

反言之，只要認真做好本業工作，且不做與本業競爭的事情，公司就沒有辦法禁止員工做副業。所以別以為上班族禁止擁有副業，空閒時間是你的重要經營資產，請有效活用它吧。

15 錢越存，損失越多？

如果有人對你說「錢越存，損失越多」，你會怎麼想呢？

一般人應該都會想：「不對、不對，這怎麼可能啊，我的錢又沒變少。」其實這是個錯誤觀念。

錢越存，損失越多。

有個東西叫做「**通貨膨脹率**」（這個話題有點複雜，不想看的人直接跳過也沒有關係）。

舉例來說，讓我們把時間拉回戰前的日本，那是月收１００日圓就能過活的時代。從現在新鮮人的起薪20萬日圓來思考，是不是差距很大啊。

在那之後，物價隨著經濟復甦上升，與此同時，金錢的價值也跟著下降了。

戰前的100日圓和現代的100日圓，100日圓就是100日圓，就算拿戰前的100日圓鈔票到現代使用，也只能買一瓶瓶裝飲料而已（當然，這張有歷史的紙鈔還是有其古董價值）。

這代表，隨著時間過去，100日圓的價值已經下降了。

現在，日本政府的政策以每年2%的通膨率為目標，簡而言之，這代表著金錢的價值會逐年減少2%。

把錢存在銀行裡，利息大概有多少呢？

調查之後，某間大型銀行的活期存款利息是0.001%❸，幾乎可以當成0來看待吧。

從結論來說，這代表如果你只是把錢存在銀行裡，其價值就會以每年2%的速度，逐年減少。

---

❸**編按**：日本的存款利率極低眾所皆知，而臺灣的存款利率則略高，目前各大銀行的活期儲蓄利率約落在0.05%～0.23%之間。相較於2%之通膨率，臺灣之活儲利率仍低了10倍有餘，亦即作者所提出之越存錢損失越大之問題在臺灣也存在。（資料來源：各大銀行網站）

那麼，為什麼每年都會減少2%，大家都還是說著「要存錢」呢？

這可回溯到1990年代，那是個只是活期存款，每年也會增加6%的時代。那時只要存錢，錢就會不斷增加，而且還是複利增加。

知名的天才物理學家愛因斯坦認為複利是「人類最重大的數學發現」。年6%複利的力量相當驚人，只要存12年，金額就會翻倍。所以只要每個月一點一滴存錢，12年後，你就可以得到雙倍的金額。

而且還是存在銀行裡，百分之百沒有風險。

真要開始說，可是說也說不完，以前存錢的好處非常多，所以才會那樣積極地鼓勵大家存錢。

但是，正如我剛才提過，在現代的日本存錢，代表著其價值會以每年2%的速度減少。

所以別只是努力存錢，還需要投資。

最優先事項為「讓自己成為能賺錢的人」

前述，我曾建議大家首先要投資自己的個人能力資產。

舉例來說，你還記得小學生時，想要存1000日圓需要花費多大的力氣嗎？或許會有「幫父母按摩有多少錢」或是「幫忙做家事有多少錢」等等的賺錢方法。想要買東西的同時還想要存錢，應該無比困難吧，即使僅是1000日圓。

但長大成人的現在，存1000日圓對你來說，應該不是太困難的事情。這是因為，你現在可以產出的金額遠比孩提時代還要更大。

也就是說，產出收入的資本就是你自己的價值，只要提升自身價值，就能增加餘額，也就能一直有效地留下存款。

超商打工的時薪上限大概是1500日圓吧。假設提升了自己身為工程師的能力，應該就能將時薪提升至3000日圓以上吧。我的朋友群中，一大堆換算時薪後超過1萬日圓的人。

與其邊打工邊努力存錢，倒不如讓自己成為一個更能賺錢的人之後再存錢，這樣效率更高。

所以，比起眼下的儲蓄，更重要的是先投資自己，讓自己成為能賺錢的人。

當你成為很能賺錢的人之後，你的收入會遠比你投資自己的金額還要高。

到了這個階段，就可以從建構個人能力資產走向建構金融資產的階段了。此時再用時薪計算收入，就會發現大幅超過計算範圍了。

你知道那些知名企業的社長，為什麼年收可以達到幾億日圓嗎？

這是因為他們建構起包含事業在內的金融資產了。

想要儲蓄，在這之後想怎麼存就能怎麼存，所以請務必先投資自己，讓自己成為能賺錢的人吧。

16 你買的究竟是資產還是負債？

這類關於金錢的知識被稱為「金融素養」或是「金融ＩＱ」。幾乎所有人都不會去學習金錢的相關知識，所以大多人還沒學就覺得困難而放棄。

提升金融素養是個機會。

這是因為其他人都不學習，所以你出社會後才學也毫不嫌晚。而實際上，想要提升自己的金融素養，在獲得收入後實際使用這筆金錢來學習的效果最好，畢竟只是紙上談兵是不可能真的學會的。

我自己也有個讓我想要學習金融素養的動機。

那是在我當上班族第3年結束之時，當時我的父親剛去世半年，是我感覺得要好好思考照顧母親這件事的時期。

但仔細一看，雖然我每個月都有薪水，卻都在下次付信用卡帳單時幾乎花光。總是被繳款追著跑的現實，讓我深深感覺「再這樣下去真的可以嗎？」

就算拼命工作也無法改變現狀，總是被繳款追著跑的生活，這就稱為「rat race」，大家知道老鼠跑滾輪的那類玩具吧，就是那種不管再怎麼努力，還是一直在原地打轉的感覺。

更別說跑越快轉得也越快，反而更加辛苦。

就這樣，我越努力工作，卻越沒有錢也沒有時間，只有辛勞不斷增加。

應該有許多人和當時的我相同，現在也還沒脫離這個「rat race」，在其中掙扎著吧。為什麼會步上「rat race」這條路呢？

這是因為購買了以為是資產的負債。

前一陣子，一位老朋友對我說了這件事：

「岡崎，你以前說過，房子是負債，所以別買比較好，對吧？我當然反駁你『那怎麼可能啊』，現在我終於明白你的意思了。

現在的狀況與購買當時不同，我家變得太小了。但我家位置又沒方便到可以立刻找到買家，而且要花一大筆錢修繕，賣了也沒多少錢。當初覺得付房租很浪費才買房子，結果反而是付房租更便宜……」

正如我在前一章所述，有些人認為在資產的形成中，擁有自己的房子是件很重要的事情。但實際上，大多數狀況是支出更多，原以為留下資產，卻在付完房貸後，房子也沒剩下多少價值了。

不會生錢的東西，不管是車、不動產還是股票，全都是負債！

車子也相同。認為「車子＝資產」也是個很大的錯誤。這是因為，就算有車，如果你還是不斷支出，那就是負債。

這是件很重要的事情，重新定義好金融資產與負債後，就是以下這樣：

- **金融資產＝可以生錢的東西**
- **負債＝搶走錢的東西**

不管是房子還是車子，只要不會生錢，還不斷從你的戶頭裡搶錢，那就是負債。

也有人會覺得股票也是資產，但這也是錯誤觀念，可以生錢的就是資產，如果反過來搶錢，那就是負債。

而不動產，如果沒有生錢，每年反而還被徵收固定資產稅，這樣也算是負債。

但實際上，即使是如此簡單的定義，想要實踐還真是相當困難。因為會被情感、周遭不可靠的意見要得團團轉。

我不斷重申「房屋不是資產」，但如果你找父母或朋友商量，大概都會遭到劈頭否定吧。已婚者甚至可能對你說：「買個房子就是對家人的貢獻！」

就這樣隨波逐流，你自己也買了這個負債。

另外，最簡單明瞭的負債就是貸款及分期付款。想要買什麼東西時，「拿到獎金再付款就好了啦」、「如果賣光了會讓我心情更不好」、「我都這麼努力了，給自己一點獎勵也不為過吧」等想法，都會讓你創造出負債。

如果你接下來想要構築自己的資產，就要有自己的中心思想，別被周遭的意見及情緒帶著走，更需要培養自己的眼光，判斷對方是不是一個值得商量的對象。

4

只要理解社會的賺錢機制，就能找到工作法的答案

17 你的收入是「主動收入」還是「被動收入」？

「岡崎啊，財務自由人和財務不自由人獲得收入的方法不同呢。」我還是上班族時，我的導師這樣告訴我。

大家還記得本書一開始提到的，米哈斯和托利多的故事嗎？兩個村莊都需要從河川運水回村莊生活。

米哈斯的村莊利用水桶運水來獲得生活用水。所以能獲得多少水，完全取決於花了多少時間用水桶運水。當然，用大水桶運水可以獲得更多水，但確實有其極限。

另一方面，托利多的村莊不用水桶運水，而是拉水管引水。管線當然不可能一覺醒來就完成，所以水管建設完成前的過程必定相當辛苦。但是，拉好水管後，就能不花時間運水，只要多拉幾條管線，就能得到近乎無上限的水。

這個水管機制，可以視為現代的「資產」。

然後，持續從資產中獲得的收入就稱為「被動收入」。

獲得收入的方法，大致可以分成兩類。

(1)主動收入

(2)被動收入

上班族每個月都能獲得工作報酬，所以雖然有時間卻沒有錢，或者是有錢卻沒有時間。這是因為收入與付出的時間成比例。當然，時薪越高，薪水也會越高，但就和用水桶運水有極限一樣，不管再高，時薪都有其極限。

這類「最具代表性，將時間換成金錢的一時收入」稱為主動收入。

另一方面，也有一群人是從機制中獲得收入。舉例來說，就是不動產所有人或是事業主這些人，他們付出的時間和他們獲得的收入不成比例，講白一點，到他們建立好機制之前，大多都在做白工。

我的導師因為投資不動產而獲得巨大成功，但他說他的腦海裡有「腦內街景圖」。不僅是自己看上地區的地圖，連每個時段的人流也全部在他腦海中。所以，只要聽到哪個地方釋出怎樣的房子，他都能立刻明白狀況，接著判斷「要不要買」。

腦海裡有這麼多的知識後，投資不動產會順利成功也是理所當然的。

但是，走到這一步之前，他肯定付出了難以想像的努力。

這類「先付出時間，之後可以持續獲得收入」的收入就稱為被動收入。

接下來介紹主動收入與被動收入的代表性例子。

主動收入與被動收入

被動收入	主動收入
董事酬勞	薪水
股票配息	股票買賣
不動產的租金收入	不動產買賣
從事業結構中持續獲得的收入	賣東西獲得的收入
⋮	年底調整後退回的錢
	⋮

建立被動收入吧！！

我自己也是，大多數的人都只有主動收入，主動收入僅限於當下，因為是把時間換成金錢而工作，所以不管過多久，都沒有辦法得到時間上的自由。

反過來說，大多數的財務自由人都是為了獲得被動收入而工作。

問題是，被動收入沒有辦法立刻得手，所以需要耐性也需要忍耐。但是，開始獲得被動收入後，就可以持續獲得利益，讓自己的將來變得富饒。

被動收入沒有上限

經濟富饒的程度，可以利用「失去主動收入後，可以過多久的生活」來衡量。

上班族失去工作後，如果只有能生活一個月的錢，代表他只有一個月寬裕的富饒程度而已。存款多的人，如果有可以生活一年的存款，一年份的生活費就代表他的富饒程度。

而另一方面，擁有被動收入的人，每個月都能獲得一定程度的固定收入，如果他的被動收入超越他每個月的支出，代表就算他完全不工作，也能夠生活無虞。

更進一步說，被動收入沒有上限。完成一個機制後，就可以繼續建構下一個機制。

我剛剛提過，我的導師很喜歡投資不動產，但是不只不動產，他也擁有好幾個事業。

正確來說，他是把事業中獲得的被動收入拿去投資不動產，接著再把從不動產中獲得的收入拿去投資不動產，就像這樣，不斷增加他的資產。

獲得被動收入後脫離「rat race」的人，可以利用這些金錢和時間，讓自己的生活越變越富饒。

18

通往財務自由不可不知的「現金流象限」

「念好學校，然後到大企業工作吧。絕對別自己創業比較好。」

我從小就在雙親這般耳提面命下長大。

我家是自營業，但並沒有特別富裕。

其實，我們家涉足了非常多事業。

補習班、租屋仲介、便當店、免下車商店、電玩中心……不管是哪個事業，剛開始生意都很好，一段時間過後就會開始走下坡，然後就轉換下一種事業。

因為區域的小孩子很多於是開始補習班事業，但在少子化影響下，學生越來越少。想要請人也沒有錢，就算有錢，又會說著「又不見得能請到乖乖聽話的人」而不願意請人，基本上就是自家人經營，所以也沒辦法擴大事業，只好關閉改為做其他事情。房仲業、便當店，不管哪個事業都是相同感覺，一個換一個……。

因為我全看在眼中，儘管只是個孩子，也打從心底想著「我絕對不要自己做生意」。

但是，這世界上的確有著許多事業成功，順利獲得財務自由的人。同樣都是「創業」，為什麼會有這麼大的不同呢？

答案就是「工作方法有許多不同種類」。

工作方法的種類大致可分為四大類。

E……employee（上班族、打工族、派遣員工、受僱社長）

S……self-employee（自營業）

B……business-owner（企業家）

I……investor（投資者）

因《富爸爸，窮爸爸》一書聞名世界的作者羅勃特・T・清崎將以上四者稱為「現金流象限」，其工作方法各有不同。

【E象限的特徵】

我想，E象限應該是大多數人都有過經驗的工作方法。我剛出社會時，也是用這種方法工作。

E象限的特徵是「時間→收入」。

長時間工作是這種工作方法獲得更多收入的手段，提升單價也能提高整體收入，但收入與付出的時間成比例這點依舊沒變。

【S象限的特徵】

這是一般稱為自營業的工作方法，律師、醫生、自行接案的系統工程師等專家們也屬於這一類。

S象限的特徵就是「時間→營收→收入」。

先把時間換成營收，再從中獲得收入。不管營收再怎麼高，只要成本高，就沒有收入。提升營收的同時，還需要思考如何提高收入，所以是最為忙碌的象限。

【B象限的特徵】

最近開始常聽到「business-owner」這個名詞，這個詞彙沒有對應的日文，就算稱為「社長」，社長可能屬於S象限也可能屬於B象限。

B象限的特徵就是「時間→機制」。

他們把時間拿來拉管線，雖然要花上許多時間來拉好管線，等到拉好管線後，就把工作交給S象限的人或是客戶，接著從中獲得收入，所以在這之後，就能得到財務上的自由。

【I象限的特徵】

這是被稱為投資家的工作方法。我對於投資家的定義，就是「保有可以長期獲得安定利益的資產，已經脫離 rat race 狀態的人」。

I象限的工作特徵就是「金錢→機制」。

這是把金錢換成機制的工作方法，所以是能得到最大時間自由的象限，但同時也需要龐大資本。

偶爾會遇到有人認為「有在投資股票，所以是投資家」，但最重要的關鍵在於「是否脫離 rat race 狀態？」或是「是否擁有安定的收入？」

如果只是單純以買賣為目的，或者是長期持有也沒辦法脫離 rat race 狀態，這就不算是I象限，而是屬於S象限。

一開始先以B象限為目標

接著把話題拉回來，剛剛提到我的老家是自營業。

一般來說，雖然也可以稱為「社長」，但就如同我方才所述，在象限上來看是屬於S象限。所以沒辦法過上財務自由人一般的生活，而是被時間與金錢追著跑。

如果你想成為財務自由人，首先就以B象限的事業主為目標，利用從中獲得的收入，使B與I相輔相成的前進，這應該最現實的方法吧。

現金流象限

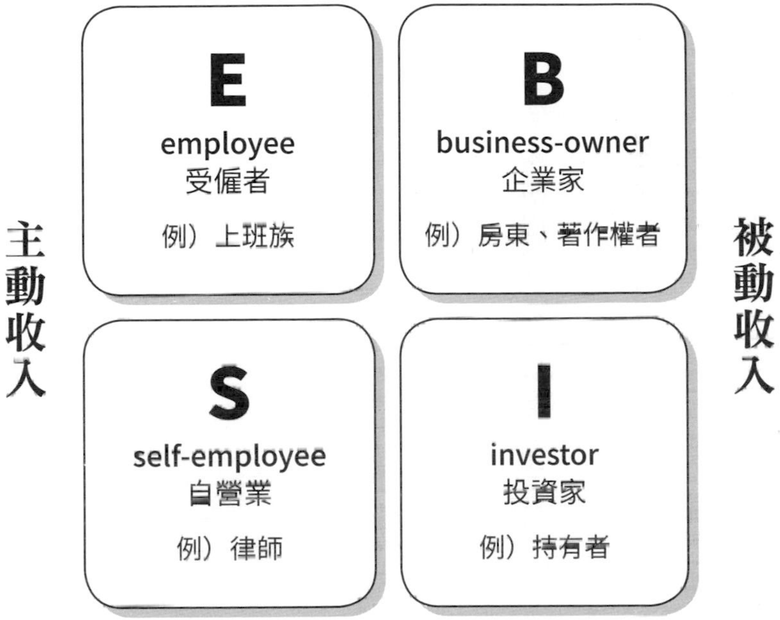
主動收入
E
employee
受僱者
例）上班族
B
business-owner
企業家
例）房東、著作權者
被動收入
S
self-employee
自營業
例）律師
I
investor
投資家
例）持有者

19 上班族真的吃虧嗎？

在此提問，對你來說，「收入」到底是指什麼呢？

「喂、喂，幹嘛突然問這個愚蠢問題啊？」或許大家會這樣想吧，其實當我說出「收入」時，對每個人來說，所指的東西都不同。

大多數E象限的人會說是「稅前收入」吧，正如大家所知，稅前收入和實際到手的金額不同。實際上能使用的金額只有到手的金額，但多數上班族都會把稅前收入稱為收入。

那麼，E象限以外的人又是怎麼解釋「收入」呢？

大多人認為是「可任意運用的所得」。

簡單來說，可以想成「可以運用的錢有多少」，或許會有人認為「那這個和到手的金額有什麼不同啊？」但這對E象限的人和其他象限的人來說，有完全不同的意思。

有個給我創業契機的朋友，曾對我說過一句讓我醍醐灌頂的話。

「岡崎，你聽好了，上班族其實很吃虧耶。

一般來說，做生意的人是把營收扣掉必要經費後才付稅金，這很理所當然吧。因為想要提高營收就得進貨，還要花活動經費。

但上班族又如何呢？不只薪水會被直接課稅，而且都繳完稅了，還要再付消費稅❶。不覺得超吃虧嗎？自僱者會把自己家裡當成辦公室，所以租金也可以列為成本費用。真要說起來，上班族為了上班也需要住家，你不覺得房租列成本❷也合理嗎？

---

❶**編按**：臺灣的消費稅不同於日本對消費者課徵，主要是以營業稅方式對廠商課徵，因此大多數商品價格即為稅後價格。

❷**編按**：依臺灣稅法，租屋族在申報綜合所得稅時，每一申報戶每年最高可列舉扣除12萬元。（資料來源：財政部稅務入口網）

其他還要花交通費、交際費，但完全不能列為成本費用。上班族這種職業，是最吃虧的工作方法啊。」

我的老家是自營業，所以我已經隱約察覺這點，但還是備受衝擊。

這樣說來，上班族的多數花費基本上都不能列為成本費用。當然，付稅金是件相當重要的事情，我也不認為這是壞事，但得要仔細思考自己到底繳了多少稅金，而這些稅金到底合不合理啊。

起碼要有最基本稅務知識

上班族與自僱者，兩者稅金結構的不同如以下所示。

嚴格來說還有扣除額，但因為扣除額金額不大，所以這邊就不列入考慮，只概略說明。

【上班族】

稅前收入金額×實際稅率（約30%❸）＝稅金

【自僱者】

營收－成本費用＝利益

利益×實際稅率（約30%）＝稅金

我們假設這位自僱者的職業是系統工程師，接著來計算看看吧。

年收500萬日圓的系統工程師，上班族和自僱者需要繳的稅到底有多大的差距呢？假設兩者一年的花費皆為300萬日圓。

---

❸**編按**：臺灣所得稅率較日本低，採累進稅率制。年收入54萬新臺幣：5%；54萬至121萬：12%；121萬至242萬：20%（年收入40.8萬新臺幣以下免稅）。（資料來源：財政部臺北國稅局、中央通訊社）

【上班族】

500萬日圓×實際稅率（約30%）＝150萬日圓（稅金）

現在假設這個上班族將自己的工作型態轉變成自僱者。

這麼一來，他的房租有一半可以轉變成工作室成本。

除此之外，與他人見面時，不管是直接見面還是間接見面，大多都得花費必要的交際費用，就算不到全部，平常花費的300萬日圓一半的150萬日圓可被認定為成本費用的可能性極高。

那麼，稅金計算起來如下。

【自僱者】※假設房租與交際費等費用的一半被認定為成本費用

500萬日圓－（300萬÷2）＝350萬日圓

350萬日圓×實際稅率（約30%）＝105萬日圓（稅金）

哎呀，太不可思議了。光是被認定為成本費用，一年算下來就可以少付45萬日圓的稅金呢。當然這只是概算，不見得能完全照這個算式計算，但大部分狀況，以自僱者的身分申請成本費用認定後，可以減少需要支付的稅金額。

請讓我重申，繳稅是一件相當重要的事情，以節稅為目的設立法人或是不當浮報經費是不好的行為。

但是，如果漫不經心全交給公司報稅，那麼很遺憾，我可以保證你的金融素養也不可能提升。

幾乎所有人都會說「太麻煩了」，根本不願意學習這類稅金申報的知識，但是在世界各國，上班族普遍皆自行報稅。可不是每個國家都像日本交給公司處理，自己什麼都不做啊。

假設已婚且為雙薪的家庭，一生所得平均約有3億日圓。

除了所得稅、住民稅、消費稅外，如果有不動產還得支付不動產所得稅、有車者要繳交汽車稅等等，日本稅金項目繁多，甚至超過40種。

所以，如果一個家庭有3億日圓收入，概算下來就得要支付9000萬日圓〜

1億日圓的稅金。

明明得支付如此龐大的金額，還這樣對稅金漫不經心，真的好嗎？沒有必要鉅細靡遺的理解，但至少要先對你自己的薪水單產生一點興趣，知道自己到底付出了多少稅金吧。

20 上班族擁有的最強三優勢

「那麼，這是指別當上班族比較好的意思嗎？」

知道稅金的結構之後，我第一個就去找導師商量。

這是因為，我自己對這件事情不清楚，也想不到身邊還有誰對此瞭解。

有信用、少風險、容易有副業

「確實，從稅金結構來看，上班族或許很吃虧吧。但是啊，這也不代表不當上班族就會比較好。上班族當然也有上班族的優勢。」

「上班族的優勢嗎？老實說，對想要辭職做其他工作的我來說，感覺不到什麼優勢耶。終身僱用的時代結束了，也看不見薪水有上漲的跡象。加班加不完，甚至還有不給加班費的工作。到底是有什麼優勢啊？」

「有好幾個啊，首先，信用程度很高這一點吧。」

「信用嗎？」

「舉例來說，假設你現在要申辦信用卡，創業3年以內的人，大多都沒辦法成功申辦。另外，房貸和車貸也相同。自僱者想要借一大筆錢買什麼東西也很難通過審查。

從這點來看，想起上班族就輕鬆多了。因為有穩定收入，所以容易通過審查。雖然我只建議去找值得信賴的人購買，但如果想要購買投資用的公寓，上班族應該更為容易吧。」

這樣一說，想起我的雙親也曾說過：「絕對不要遲繳卡費。」因為老家是自營業，所以相當清楚辦卡的難處。

「第二點是可以在沒有風險的情況下累積經驗。

上班族不管犯下多大的失敗，風險都是由公司承擔。如果在大企業上班，還有經手個人無法承擔的大風險工作的機會。

假設失敗被開除，這世界上還有很多公司。所以可以不斷去挑戰新事物，而這些也都會變成你的經驗。

而且，那樣累積起來的成績，還可以用在自己往後的職涯上，沒有什麼比這更讓人感激的事情了吧。

而第三點，或許是最大的優勢吧。」

「那是什麼？」

「容易擁有副業。當然不能對本業工作造成影響，但在這之上，可以盡情將自由時間拿來使用。下班後的時間可以，假日也行。可以把這些時間拿來用在建立自己的事業上。

因為有公司的薪水，所以能保證最起碼的生活無虞。而且，如果確實有事業性，也被認可為成本費用後，就算是上班族也能節稅。」

「真的可以辦到那種事嗎？」

「當然不可以為了節稅而週末創業或是虛報，但是啊，對國家來說，賺錢的人多，稅收也會跟著變多，所以才會這樣支持大家創業吧。

如果創立了個人事業，公司給的薪水就會變成營收，而自己的家裡也可以變成工作室，租金部分就可以列為成本費用。只要成本費用增加，課徵的所得稅就會比預扣所得稅的金額少很多，多扣的錢會以退稅的形式拿回來。在稅制運作方法上，沒有什麼比上班族週末創業更受優待了。」

「我家是自營業，所以是屬於S象限，那您對S象限又有什麼看法呢？」

「每一個象限都是正確答案，S象限也很棒。

有人說S象限的S不僅是「self」的S，也是「specialist」的S。

這裡面有很多工匠性格，所有事情不自己來就不放心的人。因此沒辦法交給別人，收入越高越忙碌。如果把喜歡的事情當成工作，可以沉浸其中那就是最幸福的例子，但如果不勉強自己就沒辦法努力，成功也會和他的痛苦成正比啊。所以也有人說S象限的S是興趣的S❹。」

「興趣象限啊，聽起來很開心、很棒呢。」

「因為他們把興趣變成工作還是很開心，興趣和工作之間可是天差地別呢。舉例來說，有些人因為興趣而想要開咖啡廳，但你認為，你想要去因為興趣開的店還是想去認真開的店呢？」

「當然是想去認真開的店啊。」

「是不是，為什麼我們得要花錢去作陪別人的興趣啊。只不過，其中也有鑽研興趣變成專家的人，這些人在S象限上努力或許也很不錯呢。」

❹譯註：興趣的日文「趣味」的發音為「shumi」，所以說S。

21 如果手邊沒有3000萬，就別從金融投資下手

「您先前說過，Ⅰ象限是讓金錢為自己工作的象限，對吧？那是最輕鬆的，如果可以，我也想要達到那個境界……」

「很棒呢，如果你想要立刻就從這個象限開始，首先得要準備好『丟進水裡也沒關係的3000萬日圓』吧？」

「不是、不是，我要是有那麼多錢就不用愁了吧。況且『丟進水裡也沒關係』……這根本做不到吧，而且說起來，為什麼是3000萬日圓啊？」

「聽好了，如果是正當投資，年報酬率最多就10％，而且這還可能會虧損本金，3000萬日圓的10％，一年好不容易才賺300萬日圓，很勉強才能生活。而且如果想要繼續增加，你還不能花掉這300萬日圓，因為需要再投資。所以

你也沒辦法真的拿到增加的這300萬日圓。那麼，你實際上的年收是零。也就是說，如果真的想要用I象限的方式過活，有3000萬日圓也還不夠。」

「再怎麼說，這都太嚴苛了吧。感覺我辦不到啊。」

「才沒那回事。你可以一點一滴持續投資，以存到3000萬日圓為目標。這也是個不錯的選擇，只是，這個方法相當耗時。

岡崎，你期待自己要花上多少時間來脫離 rat race 呢？」

「這個嘛，當然是越快越好啊……。我希望3年左右就能脫離。」

「為什麼是3年？」

「因為我今年滿27歲了，所以覺得要是能在30歲前脫離就好了。您覺得花3年時間有辦法脫離嗎？」

「如果想靠投資辦到這點，就需要從得背負高風險的I象限著手吧。利用外匯交易或是有資金槓桿操作的東西，假設投入100萬日圓資金進入10倍的槓桿操作中，你可以操作的資金範圍就擴大到1000萬日圓。」

「這還真厲害呢！要是有10％利益，那就等於多了100萬日圓了，對吧？」

「就是這樣，但是反過來說，也表示輕而易舉就會出現10％赤字。」

「也就是虧損100萬日圓？」

「而且如果只是10％虧損也就算了，要是虧損20％，那一開始的100萬日圓不夠，還得要多付出100萬日圓才行。」

「這好恐怖喔。」

「想要拿小錢博大錢就得要負擔這麼高的風險，國外的投資甚至還有100倍的槓桿操作。如果想要做槓桿操作的投資，就得要充分理解其中的風險才行。」

創造出專屬自己的團隊！

「那我應該沒辦法脫離 rat race 吧……」

「才沒那回事，首先，先以B象限為目標就好了。」

「但是老實說，我對企業家完全沒有辦法想像啊……」

「這是理所當然，因為是日本人原本沒有的概念。想要把 business-owner 這個英文翻譯成日文，也沒辦法有對應的日文。頂多就是經營者或是社長吧。但是，S象限中也會出現相同名稱。」

「那該怎樣才能成為B象限呢？」

「為此最重要的就是組織自己的事業團隊，和你一起工作的夥伴。特別是優秀的企業家會從自己的身邊尋找比自己優秀的人才。

有個被稱為鋼鐵大王的美國實業家叫安德魯．卡內基。

在美國，當人過世後，會在墓碑上留下代表那個人的一句話，卡內基的墓誌銘上是這樣寫的：

Here lies one who knew how to get around him men who were cleverer than himself.（知道該如何吸引比他聰明的人到身邊者，在此長眠。）」

「比自己聰明的人，代表頭腦比自己好，工作能力比自己強的人嗎？」

「就是這麼一回事。也就是說，在他成為鋼鐵大王前，他聚集了許多比他還要優秀的人到自己身邊。卡內基不只是能力好，他還有股讓人想要待在他身邊的魅力。

想要靠自己的能力工作絕對會有極限，但借助他人力量，整個團隊一起工作，就能完成超越自己框架的大事業。

像這樣組織出大型工作團隊，而且把工作全權交給工作團隊後，就能夠在B象限中獲得成功。

首先，先在自己身邊組織工作團隊，成為B象限的人後，就可以拿事業的盈餘來投資，慢慢朝I象限邁進。這就是效率最好的成功方法。」

5

獲得財務自由與時間自由的具體方法

22

減少支出、增加收入、構築資產……僅僅如此

「我想要獲得財務自由，過上富饒的人生。不只金錢，也想要時間，有好多想做的事情。但問題是，我不知道為此該先做什麼才好。」

為了有這個疑問的你，最後讓我們談談該如何實踐吧。

在此，重新為我口中所說的財務自由做定義：

「財務自由，就是被動收入大於你的生活費，就算不靠勞動收入也能生活的狀態。」

舉例來說，每個月有20萬日圓就能生活的人，只要每個月的被動收入超過20萬日圓，就是財務自由。當然，這只能過最低限度的生活，所以得要賺更多錢才行，但至少可以脫離「為了吃飯而工作」的狀態。

為此，需要做的事情，就是培養出金融素養。這樣一說，大家可能會覺得很困難，其實只要拆開來看就很簡單。

金融素養的簡單三要素

金融素養的要素，僅僅只有三點。

(1)減少支出
(2)增加收入
(3)構築資產

僅僅如此而已，接著讓我們分別來看吧。

(1)減少支出

金融素養低的人，會依心情來花錢。只要有什麼在意、想要的東西就會買。所以一看他的房間，會發現全是沒有用過的東西。還有聽人家說可以減稅，就買了保險或是不動產，於是在沒有發現實際總成本墊高的情況下買了負債。

另一方面，金融素養高的人，會有效地使用金錢。

舉例來說，就算有特賣會，也絕對不會因為「很便宜啊」這種理由而花錢。反過來說，只要是有效果的東西，不管多貴都願意付錢。

也就是說，這邊所指的「減少支出」，就是要大家減少浪費。

重新審視後，就會發現到處都是浪費。像是在超商買的瓶裝飲料、完全沒去的健身房會費、根本沒在用的 wi-fi、貴得誇張的房租等等，有好多地方值得你重新審視。

光是手機換成便宜的資費就可能大幅降低成本。

不怎麼開車卻有車的人，建議可以考慮共享汽車。順帶一提，我就是共享汽車的愛用者。不需要維修，基本上也不用加油，再考慮有車子時的停車費、保險費以及汽車稅後，如果開車的頻率不高，共享汽車絕對更便宜且有效。

(2) 增加收入

為了學習什麼而工作，因為有想做的事情或想獲得的經驗時，就算那裡的薪水很低，也該在那邊工作。但是，如果你是因為「求職時隨隨便便決定的」、「換工作好麻煩喔」等理由，而一直從事相同職業，或許考慮換個職業會比較好。

令人意外的，你的市場價值其實比你想像的還高，這種情況相當常見。

實際上，我的創業補習班的學生R，重複轉行發展自己的職涯後，這2、3年就讓他的薪水翻倍。我的事業夥伴，同時也是學弟的S，他是獨立作業的系統工程師，有公司對他說：「價錢隨你開，拜託來我們這裡工作。」或許有人覺得換工作會導致薪水下降，但那只是因為你不願開口談而已。

決定好自己想要的金額，為了這個金額與對方詳談。

其實這並非難事。如果你覺得自己沒辦法劈頭就做到這件事，那可以試著先去找轉職人才仲介商量看看。

舉例來說，人才仲介可能會提出「會用 Excel 薪水就會提高」、「考取這個執照可能就可以有多少薪水」等具體建議。

不是隨波逐流任誰替你決定自己的價值，而是由你來決定自己的價值。

(3) 構築資產

減少支出、增加收入之後，接下來就是構築可以定期產生收入的資產。這個步驟的難度會一口氣提高。

只不過，也沒有那麼困難。重要的不是自己的判斷，而是接受實際做出成果的人的建議。

我當然不是指只想著賣不動產、股票或是所有權等東西的銷售員，而是在說實際自行構築起資產的人。

一個人的人生取決於接受了誰的建議。

關於這類的資產構築，大多人都會找錯人給建議。像是父母、情人或是親密的友人等等，更甚者，還有人會去找失敗的人商量。

雖然也有「該從失敗者的經驗中學習」的說法，但很遺憾，就算你聽了一大堆的失敗經驗，也沒辦法成功。所以反而應該只去聽成功者的意見。

這是因為，成功都是建立在無數的失敗之上，所以這個建議背後其實也包含著失敗的經驗。

如果想從失敗經驗中學習，就得要擁有一定程度的知識，有足夠能力分析該怎麼做才能順利後，才建議大家這麼做。

我想，應該有許多人都想著「想要早一點構築起資產！」但首先要先按照重新審視支出、重新審視收入的順序開始做起。

特別是將支出壓得越低就越容易脫離 rat race，所以這是想要得到財務自由最大的重點。

23 自己獨創的方法會導致失敗，找個導師吧！

如果你以右側的象限（B、I）為目標，不可欠缺的重點就是「借助他人力量」。

當然不可能靠自己的力量做完所有事情，而且為了創造出更大的成果，也需要自己不懂的知識。

特別是越成功的人，越常聽取專家的意見。而且相當樂意支付高額報酬給專家們。

這是因為，考慮到他們成為專家所花費的時間，可以拿金錢換取這些知識，是令人再感激不過的事情。請慷慨地支付報酬給幫助你的專家們吧。

如果你有當成目標的導師，在與他相處中需要支付相對代價時，你也該積極支付。如此一來，就可以透過對方的經驗來學習，從結果來說，等於你聘用了一位優秀的顧問。所以請樂意支付與其相符的報酬吧（這當然不僅限於金錢）。

你身邊有得以稱為「導師」的人嗎？

在這本書中，常不經意提到「導師」這個名詞。

為什麼導師很重要呢？

舉例來說，名稱中帶有「道」的事物，有花道、茶道或是柔道經驗的朋友應該很清楚，大家肯定都是接受這方面的專家指導。為什麼呢？因為能比自己摸索更快學會。

就算不到專家程度，你活到現在，在學業、運動或者是現在正在做的工作等等，一開始應該也是有誰在旁指導吧？

想要學會什麼時，最快、最有效的方法，就是找到一個導師，然後完整複製。

有句話叫做「自己獨創的方法會讓你遇到意外❶」，金錢的世界也相同。用自己的方法去做肯定會遇到意外。當然也有必要的失敗，所以我不能說所有的意外

❶**譯註**：原文為「自己流は事故る」，日文的「自己」與「事故」發音皆為「jiko」。

都不好，但有導師在身邊，就能避免不必要的失敗。

如果你以右側的象限（B、I）為目標，就要毫不保留借助他人的力量。如果你想要照自己的方法做，就應該以S象限為目標。

金錢的世界也相同，如果你沒有找個導師而自己亂來，幾乎百分之百會出意外。雖然也有人覺得只要失敗幾次後就會越來越順利，但這樣只是浪費時間、浪費錢。乖乖向成功的人學習最有效果也最有效率。

問題是，找到這位導師的方法。

或許會有很多人說「很難找到那麼厲害的人吧」，確實，就你現在的人脈來看的確很困難。

但重點在於，不是從現有的人脈，而是要從新的人脈中尋找。

請問大家有聽過「六度分隔理論」嗎？

就算是完全不認識的人，兩個人之間只要透過六個人，所有人就可以串起關係的理論，這已經透過各種實驗證實了。

順帶一提，據說在Facebook的世界中，只要透過四個人，就可以和全世界的人串聯起來。

也就是說，就算是很厲害的人，只要透過六個人就可以見到面了。

所以就率直地提問吧，問出：「你身邊有沒有很厲害的人啊？」一問之後，出乎意料地簡單就能和厲害的人搭上線呢。

另外，現在這個時代，就算完全沒有見過面，想要取得聯繫也不是什麼難事。雖然能不能收到回應是另外一回事，極端一點說，就連總理大臣也能聯絡得上。

順帶一提，要與書籍作者取得聯繫相當簡單。讀了該作者的著作後，寫個心得寄給他，就有很高的機率能得到回信，就算沒辦法見面，可能也願意為你做些簡單諮詢。因為啊，能收到感想就讓人超開心的啊。

我有個朋友，儘管才20多歲，但跑遍了全世界的孤兒院，為他們做舞蹈表演，這個男人名叫康介。

他無論如何都想要見到超有名的藝人G先生（恕我隱藏名字），毫不氣餒地不斷寄送SNS❷訊息給對方。

❷編按：Social Networking Services，社群網路服務。

大概因為他的活動相當特殊吧，沒想到他竟然收到回信，對方還高興地招待他到馬來西亞的豪宅玩。

其實只是你自己擅自覺得很難，要見到厲害的人絕不是那麼困難的事情。現在也很流行線上沙龍❸等東西。

只要加入你想要認識的人的線上沙龍，幾乎所有的沙龍都會定期舉行線下聚會（實際見面的聚會），只要到那裡去打聲招呼，就有很多建立起交情的可能性。

和導師相處的重要三件事

和尊為導師的厲害之人相處時，哪些事情最重要呢？

我認為有下列三點：

❸**編按**：又稱為網路沙龍，類似一種線上學院的概念，主持人可以在線上分享以及和粉絲討論議題。

(1) 感　謝

沒什麼比感謝更能聯繫起人與人之間的關係，見面時要道謝，對方給你什麼建議時要道謝，如果他請客，也要道謝，請千萬別忘記道謝。

就算不花錢也沒有關係，反過來說，有時候拿著禮盒專程來道謝反而會造成對方困擾。

傳送一封訊息，或是打一通電話，這樣就足夠了。

如果外出旅行，買點伴手禮回來贈送也不錯。

我個人相當重視的，就是順著這份緣分感謝。

舉例來說，本田健❹老師這位日本具代表性的作家。

透過實現夢想方法的「寶地圖」權威望月俊孝❺老師介紹，我有緣與本田老師見面。所以，我只要有機會，就會向望月老師道謝。

❹編按：日本知名作家、財經專家、Podcast 廣播節目主持人。暢銷作品如《本田健的快樂致富聖經》、《喜歡的事，就要拿來當飯吃！》等，全球累計銷量超過700萬冊。（資料來源：三民網路書店）

❺編按：日本知名作家、寶地圖提倡者、靈氣（氣功法）老師、影像閱讀講師。暢銷作品《秘密沒教你的寶地圖夢想實現法》以及寶地圖相關著作熱銷超過60萬本。（資料來源：三民網路書店）

而且，更令人感激的是，他連我這個小輩也會相當有禮地回信，真的讓我打從心底感激。而這個感謝的連鎖，會加深人與人之間的連結。

(2) 讓自己好懂

人最不想要相處的人，就是難懂的人。難懂的人會讓人多費神，一費神就容易疲倦，疲倦後就會不想和這個人相處，所以多加注意「讓自己好懂」吧。

舉例來說，如果你去參加尊敬的人舉辦的講座，就可以清楚明瞭地點頭，表現「我有在聽」。

幾乎所有聽者都跟土偶一樣，根本沒有什麼反應。

在這之中，只有你一個人明顯做出反應，就會成為讓講者感謝的存在。接著，因為你是他感謝的存在，就能提高對方在講座以外的地方與你見面的可能性。

只不過，「情緒化」和「容易懂」是不同的兩回事，所以請多加注意。情緒化的人確實好懂，但相處起來也很麻煩。特別是容易生氣、忌妒、消沉的人，建議可以訓練一下自己的心理素質。

(3)別貪心

偶爾會出現有「他是個厲害的人，這點小事會為我做吧」想法的人。舉例來說，像是希望對方請個午餐、應允你一點小任性、希望對方理解自己等等，總想要求很多事。

單方面不斷付出，會令人疲憊。

就算是導師級的厲害人物，一直被索求也會疲憊。

如果想和導師建立起良好的關係，就別只想要從對方身上獲得什麼，創造出自己也能有所貢獻的機會吧。

24 手段沒有優劣，取決於目標放在哪

那麼，想要得到財務自由，哪種資產最有效果呢？

答案就是「因終點而有所不同」。

多數人都會希望如回答考試問題般，一個問題能有一個答案，但現實社會並沒有那麼單純。

實際上，一個問題的回答，可能有無限多種方法。

舉例來說，如果想從東京到大阪，大多人都會選擇搭乘新幹線吧。但其實還有巴士、飛機等交通方法，也可以自行開車，甚至可以騎自行車。

要選擇哪種方式，會因為終點與理由不同而有所不同。

如果是出差，想要早一點抵達，就可以選擇搭乘新幹線；如果想要累積里程

數，可以選擇搭飛機；如果想趁著交通時間睡覺，可以選擇深夜巴士；如果想要體驗特別經驗，選擇自行車或是徒步也不錯。

手段沒有單純的優劣。

與此相同，想要獲得財務自由，與其問要做什麼，首先需要決定好**理由與目標（終點）**。

雖然不是個太好的例子，但如果因為

・**家人發生不幸（理由）**

而需要

・**無論如何，在一年後，每個月都要有100萬日圓收入（目標）**

除此之外，還需要照護家人的時間。如果面臨這樣的狀況，就算是有極大風險的方法，也必須挑戰。

反過來說，如果是因為

・**為了消除退休後的不安（理由）**

而說出

・只要在30年左右的時間，慢慢建立起被動收入就好了（目標）

就可以採取穩健、低風險的方法。

而我則是：

・3年（時間）

・脫離rat race（終點）

・以B象限謀生（手段）

設定好以上條件後，開始採取行動。

為什麼是3年，其實沒有太深的意義。只是「總覺得」如果可以辦到肯定很帥氣、現實上應該可行吧，僅此而已。

或許會有人說「喂、喂，這樣隨隨便便真的可以嗎……」但是啊，剛開始這樣隨便決定就好了。

根本還沒開始做的事情，就算再怎樣深思熟慮，都不可能找到答案。所以剛開始，隨隨便便決定就好。

接著詢問你選擇的導師，這個時間是否適當。

順帶一提，當我建立起3年脫離 rat race 的目標，和導師商量後，他對我說：「目標高一點才會更拼命做，這樣比較好。」接著替我將目標修正為半年就要脫離 rat race。

老實說，我真心覺得「這也高過頭了吧……」但是，照著他所說的去做之後，結果我只花一年就辭掉上班族工作，脫離 rat race 了。

回頭想想，如果我把目標設定為「3年」，或許得要花上5～6年的時間。

和考試成績相同。

以80分為目標的人，大多都只能拿到60～70分。普通人如果以100分為目標，最終成績大多都會落在80分左右吧。

所以我認為，首先試著挑戰較高的目標，或許也相當有趣。

接著，為了要脫離 rat race，就要提到手段，到底該以B象限為目標，或者是該以I象限為目標呢？

結論來說，**「哪種手段都好，總之先去聽你的導師的建議」**。

如果以「脫離 rat race」為目標，手段採取B象限或是I象限都好。

在此千萬不能做的事情，就是試圖去找一個能給出對你來說很方便的建議的導師。這是因為想要找到一個能給出這種建議的導師相當花時間，且幾乎不可能找到。

我的朋友中有個人原本試著以B象限為目標，但因為狀況嚴峻，一點也不順利，接著就想要轉變成I象限，還因此換了一個導師。

他以自己的方法，努力找到投資的導師，但半年後，他就回頭去求先前的導師，請求對方再次收他為徒。

問他：「為什麼都找到其他導師了，還要回來啊？」後，他說：

「我還以為錢滾錢的世界比較輕鬆，所以去找了一個投資的導師。但是現實相當嚴峻，這對沒有錢的我來說，反而得背負更大風險，感覺要是失敗了，我也會跟著死……。就這點來看，創業所需的資金也少，能累積豐富的經驗，還可以擴展人脈。如果得背負相等辛勞，創業比投資還要更好，我實際嘗試之後才理解。」

原來如此，我想著「沒嘗試過就不知道啊」的同時，覺得更該尊敬的是他的導師。接受一度離開的他回來，這位導師的氣度真是太大了。

從B象限開始，以脫離 rat race 為目標！

接著，請容我敘述，我建議大家該以B象限或是該以I象限為目標。

從結論來說，如果是我，我會選擇以B象限來脫離 rat race 為目標。

理由有以下四點：

(1) 有再現性，且可累積經驗

你認為人生中最有價值的是什麼？

有人會說「錢」，也有人會說「時間」。

我的答案是「經驗」，這是因為經驗只會增加而不會減少，而且還可以無限分享給其他人。

如果想從商界起步，最重要的要素就是「再現性」，可以教會其他人是相當重要的要素。因為教會其他人後，就可能創造出自己不在時，工作也能持續進行的再現性。

另外，只要有經驗，就算自己的事業因為社會因素進行得不順利，也可能再度創造出相同結果。

(2)可以增加人脈

商機絕對都是別人送上門的。如果你以企業家為目標，最重要的就是人脈。以成為企業家為目標時，代表「建立人脈」本身就是個工作。

如果你在這之後還想繼續以I象限為目標，就要知道，好投資都是從好緣分而來。有人說人脈是寶，沒有哪個象限拓展人脈的範疇能超越B象限。

(3)工作時間不會重疊，可以容忍失敗

轉換象限時最重要的事情，就是不可以讓彼此的工作時間重疊。做投資是也不錯，但大多的投資都會侵蝕原本的工作時間。舉例來說，如果投資股票，股價變動的時間大多都是你在公司上班的時間。正如同我在前面提過自己的例子，上班時間老是在意股價漲跌，因而對本業造成影響。

如果是斜槓複業，只要不和本業工作重疊，就可以想做多少就做多少。可以在下班後建立人脈，週末參加講座，實踐曾經學過的事情。除此之外，因為還有本業收入，所以能夠容忍複業的失敗，這也是魅力之一。

(4)快、可能性大

小資本也可能賺大錢是創業的魅力之一。雖然因方法而有所不同，但的確可以期待不背負太高的風險獲得大筆獲利。

我的朋友中，有個創立個人買賣事業的人，他的初期投資不超過50萬日圓，

但才花2年時間，月收已經超過１００萬日圓了。

如果是想要在投資中大賺一筆，通常就需要投入高倍的槓桿操作。

考慮可能發生超過初期投資的虧損後，創業可說是低風險、高可能性的工作吧。

25

去不自在的場所，遠離舒適圈

我剛開始以成為財務自由人、以B象限為目標時，導師給了我一個建議。

那就是「去參加講座」。

老實說，對我來說，講座只有「很無聊」、「很麻煩」的印象而已，所以我就問了導師為什麼建議我參加講座，他這樣對我說：

「如果你想成功，就要先投資你自己。不改變現在的自己，只想要改變結果，世上哪有這麼好的事情。」

這句話完全戳中我的痛處，我也只能苦笑。我想，導師是明顯感覺出我不想學習新事物、不想改變自己，只想要改變結果的態度了吧。

人是隨環境改變的動物，你和怎樣的人交往，就決定了你會成為怎樣的人。

有個知名的說法，「在自己身邊，自己花上最多時間相處的人的平均，就會成就出你」，舉例來說，如果以B象限為目標，但你總是和E象限的人相處，結果你就會變成E象限的人。

所以，我推薦大家參加以自己目標象限為主題的講座，在那個地方，大家理所當然都以同一個象限為目標，自然也會變成你的理所當然。

如同就讀明星學校，大家理所當然都會考上不錯的大學一樣，把自己丟進周遭全是以B象限為目標的人的環境中，不管怎樣，B象限都會變成理所當然。

另外，從事前準備的角度來看，比起住在老家，我更建議大家搬出來自己住。如果父母就是目標象限的人倒是無所謂，但大多數的狀況皆非如此。實際上，我家是S象限，所以他們完全無法理解我想以B象限為目標的想法。

請試著想像，假設你現在正以B象限為目標努力。

但你住在家裡，一回家，家人就會對你說：

「你啊，創業可沒那麼簡單耶，快點放棄啦。不只風險大，你要是失敗了該怎麼辦啊？我覺得你普通過活就是最大的幸福了，不要覺得想要孝順父母就勉強自己，快點放棄吧。」

這或許是種很棒的心靈鍛鍊吧，但還是相當痛苦。現在還住在家裡的人，就當成是自我投資的一環，試著挑戰獨居生活吧。

該參加講座的三大理由

拉回正題，在此要告訴大家，我推薦大家參加講座的三個理由。

(1)可以知道學習的重要性

向大家介紹一個寓言故事。

～～～～～～～～～～

順著道路走下去，眼前是座森林。從森林中的某處傳來「叩咚、叩咚」，用斧頭伐木的聲音。

走一段路後，你從聲音來源旁經過。

你至今不太有機會親眼看見樵夫伐木，忍不住停下腳步觀察時，突然發現一件事，斧刃不只生鏽還破破爛爛。

你好心對樵夫說：

「樵夫先生，我看得出來你非常努力，但你的斧頭已經破破爛爛了。這樣一來，就算你再怎麼努力砍樹，也不會有太大的進展耶。你要不要先去把斧頭磨利呢？」

「謝謝你這麼親切，但是啊，我忙著砍樹啊。很不好意思，我根本沒時間去磨斧頭啦。」

～～～～～～～～～～

好的，看完這個故事之後，你有什麼想法呢？

是因為太忙而沒有辦法磨斧頭嗎？

還是因為沒有磨斧頭才變得忙碌呢？

我想大家都已經知道了，答案是後者。

雖然努力很重要，但磨利斧頭更加重要。

我在前面對大家說過「首先要投資自己」，為了創造出理想中的成果，花時間、金錢學習是相當重要的事情。

當然，這不能光想不做。學到必要的事情之後，就先嘗試看看吧。

可能很多人有「會做了就去做」、「懂了就去做」的想法，但其實順序是顛倒的。

做了之後就會懂，做了之後就會做。

學到新事物就要立刻實踐，如果你有時間想東想西，還不如先從能做的事情開始做起。

(2)花錢學習，更省時間又便宜

我剛剛提過投資自己的重要性，但應該也會有人說「那也不用去參加講座，自己看書就好了吧」，看書當然是件相當棒的事情，希望大家都能持續下去，但學習的濃度，會與花費的時間、金錢成比例。

順帶一提，你的學生時代，是光靠教科書就能念好、學好的那種人嗎？會念書的人幾乎都會去課後輔導班、升學補習班上課，或是請家教，總之，還是會去找其他人學習吧。

不管怎麼想，比起只靠文字學習，請別人直接教你的學習效果更好。所以，從講座或演講中學習，比起只靠閱讀學習的效率更高，縮短學習時間的效果也更好。

如果要參加講座，建議大家選擇收費高，或是距離遙遠的講座，因為這樣會更認真。

順帶一提，前幾天，我所尊敬的一位經營者，高揭「從居酒屋帶給全日本人活力」目標，日本最有名的居酒屋「Teppen」的創立者大嶋啟介先生，邀請我到他的講座中當來賓。

在這場講座中，我有了一個令人開心的邂逅。

那是一位京都大學的學生，他竟然特地從京都到東京來參加呢。

我對他的行動力相當感動，所以幾天後，我和他在大阪見面。他說自己正在進行於柬埔寨蓋學校的計畫，還透過群眾募資的方式徵求支持者，聽到這裡，我當然也想要支持他，所以請他讓我出資。

也就是說，遠方前來的參加者會給講師留下深刻印象，也容易獲得支持。

現在交通成本變得便宜許多，請務必當成一個經驗，也去參加在遠方舉辦的演講吧。

(3)會改變自己的舒適圈

你聽過「舒適圈」這個詞嗎？

人類有著對自己來說理所當然的領域，有讓自己去配合那個領域的機能。

舉例來說，假設有個每次去打保齡球，分數大約都落在１００～１２０分範圍的人。剛好有天狀況正好，前半已經打出比平常更好的成績了，他會因此感到不自在，因為緊張而開始手心冒汗。

「怎麼辦！再這樣下去，我可能會破１５０分耶！」

一旦開始出現這種想法，就會全身僵硬，下半場打得馬馬虎虎。

結果，最後分數還是一如往常的120分。

就像這樣，人會配合自己的舒適圈（以上的例子就是100～120分），產生符合舒適圈的行動與結果。

也就是說，對接下來想要改變象限的人來說，就需要將自己的舒適圈變更成「我就是該處於〇象限」。

那麼，該怎樣做才能改變舒適圈呢？

舒適圈，簡單解釋就是「讓自己感到很舒適的場所」，問題是，舒適≠能讓自己成長。

很遺憾，因為太舒適了，頂多只能維持現狀。

舉例來說，假設你現在和大企業的老闆們在一起，你會怎樣呢？肯定是汗如雨下、心跳加速、充滿緊張感吧？

請記得，能讓你有所成長的地方，就是「讓你不自在的超好環境」。

人類是會習慣環境的動物，就算一開始充滿緊張感，也肯定會慢慢習慣。當你發現時，這個環境的理所當然標準，就會變成你自己的理所當然標準。

開始參加講座後，應該就會遇見所謂「意識超高❻」的那種人，一剛開始肯定會讓你覺得很不自在。

但就是要這樣，接觸讓自己不自在、不舒服的環境，提高自己的意識，改變自己的舒適圈。

❻**編按**：原文為「意識高い系」，意指能力強，知識、經驗都很豐富的人，而近期亦有被延伸成過度展現自我的意思。（資料來源：維基百科）

26 採取行動、進一步發信

決定好導師，參加講座後交到朋友，也一點一滴累積相關知識了。這樣的人，接下來就跨出改變象限的第一步吧。不管是投資或是創業都沒有關係，重點在於採取行動。人不是因為會做了才去做，而是做了才變得會做。不管想再多，只要不採取行動，就沒辦法做出任何成果。

在你跨出第一步時，有一件重要的事情。

那就是「試著在不會死的範圍內，儘管承擔風險」。

幾乎所有人都活在「風險＝危險」、「危險＝別去做比較好」這個等式成立的世界中，但只要你有這個想法一天，不管做什麼都不會有成果。

活在日本的一天，只要沒什麼嚴重的事情，幾乎不會有致死風險。就連背負了恐怖的債務，只要申請破產，就能從零開始。

雖然這樣說，大家當然都不想要宣告破產，也不想造成身邊親友的困擾。所以試著讓自己**思考「做了這件事情後，最糟會面臨怎樣的狀況？」**吧。

假設，要是你有了100萬日圓的負債，那會怎樣？

就算是超商打工，隨隨便便也能找到時薪1000日圓以上的工作。下班後再去打工，一個月存10萬日圓應該不困難，這樣一來，10個月就能還清100萬日圓的債務了。

既然只是10個月就能解決的風險，你不覺得因此而在原地踏步、迷惘相當不值得嗎？請記得，想到浪費在迷惘上的時間，倒不如背負風險採取行動會更好。

不管以哪個象限為目標都好，在此告訴你一個當你採取行動時，絕對要做的事情。

那就是，請你當自己的媒體。

當媒體，就是指要有發送資訊的能力。在資訊發達的現代，不管哪個象限，擁有發送資訊的能力都很有價值。

發送資訊的方法大致可分為三種。

(1)大眾媒體

例如：電視、廣播或報紙等等。

影響範圍廣，但個人想涉足的難度最高。

(2)社群網站

例如：Facebook、Twitter、Instagram、YouTube及部落格等等。

雖然個人發送資訊門檻低，但每一種網站的取向不同，所以需要配合想創造的媒體目的來選擇方法。

(3)社　群

例如：現實生活中的聚會、線上沙龍等等。

社群是與個人聯繫最強的方法，也最容易進一步採取行動。

如果你想要擁有巨大的資訊發送能力，就需要擁有將此三種方法混合後的資訊發送能力。

舉例來說，堀江貴文❼先生以及西野亮廣❽先生，應該就是以

(1)利用大眾媒體獲得知名度

(2)利用社群網站媒體廣傳資訊

(3)利用線上沙龍及活動串起與粉絲間的關係（創立社群）

的步驟採取行動。

因為透過大眾媒體確認他們有廣泛知名度，所以他們的線上沙龍對想和名人交往的人來說特別有價值。當然，並非光靠大眾媒體的力量就能創立線上沙龍，但無法否認，從這裡起步的力量相當大。

---

❼**編按**：前 Livedoor（日本知名入口網站）董事長、民營火箭開發公司 SNS 創辦人。２００６年因違反證券交易法而於２０１１年收監，２０１３年獲得假釋。２０１４年創立線上沙龍「堀江貴文創新大學校」，現為 SNS media & consulting 創辦人。其發言辛辣、作風大膽，勇於挑戰權威的行為深受日本年輕人的喜愛，被稱為日本最狂的企業家。（資料來源：三民網路書店）

❽**編按**：日本知名藝人、搞笑組合金剛（キングコング）成員、繪本作家、創業家。（資料來源：維基百科）

而 YouTuber 的 HIKAKIN[9] 先生和部落客伊藤春香[10] 小姐則是以

(1) 利用社群網站媒體廣傳資訊

(2) 利用大眾媒體獲得知名度

(3) 以活動為中心串起與粉絲間的關係（創立社群）

的步驟採取行動。他們同樣也是巧妙運用三種媒體，來獲得資訊發送能力。

該從哪種方法開始發送資訊才好呢？

如果你接下來想要獲得資訊發送能力，該從哪種方法開始著手呢？

普通人想借用大眾媒體的力量很困難，而在從社群網站媒體走入大眾媒體的人數量激增的現在，想要循 HIKAKIN 先生或伊藤春香小姐的方法應該也有相當難

---

[9] 編按：日本知名 YouTuber、實況主、Beatboxer、演員、YouTuber 經紀公司 UUUM 的創辦人。其 YouTube 主頻道 HikakinTV 訂閱數已超過８００萬。（資料來源：維基百科）

[10] 編按：日本知名美女作家，活躍於社群媒體。老公為知名ＡＶ男優清水健。

度了。

我的結論是，建議大家可以將「社群網站媒體與創立社群兩者同步進行」當成第一步。

和自己連結最強的社群購買力最高，當你想要建立新事業，希望找到幾個出資者時，最能發揮強大助力。也有看重評價勝過一切的人，才會造就出緊密關係。

特別是現實中與人的連結不需要特別的技術，任誰都能從任何地方開始。

請試著聯繫你以前的100位朋友，當然，這裡面應該會有完全不回覆的人吧，反正不聯絡也等同於仍處於斷交的狀態。

那麼，就算是不回覆也沒關係，試著聯繫看看吧。

接著，與回覆的人重新建立起更深的緣分，這肯定會成為你人生中的重要財產。

但是，如果只在社群裡發送資訊，能夠發送的範圍絕對會有極限。這樣一來，不足以讓你擴大自己的事業。

為了建構更大的商業模式，就要配合目的，經營社群網站媒體。

舉例來說，Facebook 已經少有年輕人使用，常被說過時了，但我完全不這麼認為。年齡層高，代表可以預測消費高單價的客人比較多。從商業的觀點來看，沒有哪個市場比這更吸引人了。

另外，Facebook 也可以當成個人名片使用。想要讓人知道你是怎樣的人時，沒有哪一種工具比這更方便了，所以好好經營絕對沒有壞處。

如果想要強化搜尋功能，就可以使用部落格，如果覺得不在乎連結強不強，只想要輕鬆且廣泛發送資訊，就可以使用 Instagram。重視廣傳能力就使用 Twitter，如果願意花時間好好製作，那選擇 YouTube 或許也不錯。

社群網站媒體的可能性極大，所以別因為沒接觸過就逃避，慢慢來沒關係，請嘗試看看吧。

只不過，有件事希望你注意。別在沒直接見過面的情況下，利用 Facebook 寄送可疑的邀約。講白了，這是極為擾人的行為。才沒有人會笨到接受陌生人的邀約，付出大筆金錢咧。這就完全搞錯努力的方向了。其中或許有真的很好的合作邀約，但問題出在你的方法上，這種做法只會打亂市場。

只有在現實中有所連繫後，人才願意拿出資金。

舉例來說，假設你現在受邀參加常去且關係良好店家的10週年派對，如果沒有特別理由，應該都會去吧。

但如果今天是陌生店家的10週年派對，透過社群網站媒體或是大眾媒體邀請你，你應該就不會積極去參加對吧。

首先結合現實與社群網站媒體，從小而強的資訊發送能力開始培養起吧。

27

你是不是想著「我明白了，從明天開始行動！」呢？

那麼，書寫至此，我敘述了許多實際上可以辦到的事情。

首先先踏出第一步吧。

但是，當真的要踏出第一步時，或許有人會因為恐懼而遲遲無法行動吧。最後，我就要用「面對恐懼，踏出第一步的方法」為本書作結。

首先，你是在開始新挑戰時會感到害怕的人嗎？

你覺得這份恐懼是壞事嗎？

如果你如此認為，請理解這是種錯誤想法。

多數的人，都認為恐懼或不安是壞事。

但實際上，恐懼或不安絕非壞事，正因為有恐懼與不安，人類才會做好準備、

盡心努力。

雖然這樣說，在這種心情的折磨下採取行動，或許是一件難事。所以，首先要先與這份心情對抗。

請問你有沒有減肥過？

減肥時，多數人肯定都會這樣想吧。

「別吃甜食了吧」、「試著別吃白飯吧」、「別吃大碗了吧」……大概很多人都會像這樣說服自己吧。

其實這是個很大的錯誤。

人的大腦無法認知「否定句」。

你越想著「別吃甜食了吧」，你的腦海中就會充斥著滿滿甜食。蛋糕、大福、閃電泡芙、巧克力聖代等等，你的腦袋會出現滿滿你最愛吃的甜食。

請試著想像，你的腦海裡滿滿都是你最愛的食物，你還覺得容易忍耐嗎？

我想，大概相當困難吧。

與之相同，心裡越想著「別恐懼」、「別不安」，你的腦海中反而會充斥著滿滿

的恐懼與不安。

所以，就算想展開新行動，也會被恐懼控制而無法行動。

別逃避恐懼

那麼，該怎麼辦才好呢？那就是別和恐懼對戰，和它「相處」。

請你告訴自己「坦白說，很恐怖對吧」、「沒有自信能做好，對吧」，接著再對自己說「稍微挑戰看看吧」。

重要的是，先從「稍微」開始做起。

韓國有這樣一句諺語：

「開始就是一半。」

只要一開始，就等於進行整件事情的一半了。

為了獲得財務自由的行動也相同，不需要從一開始就完美無缺，失敗也沒關係，姑且一試也好，下定決心「稍微挑戰看看吧」最重要。

有人說「說著明天再做的人都是混帳」。

人只能活在當下，用現在的每一分堆積，創造出你的人生。

或許沒辦法馬上改變結果，意識著現在的行動可以改變人生而採取行動吧。

行動的速度可以創造出熱情，人類是一動就會認真起來的動物。

人的情緒，是藉由行動引導出來的。

美國的心理學家威廉・詹姆斯⓫曾說過：

「人不是因為悲傷而哭泣，而是因為哭泣才悲傷；不是因為開心才笑，而是因為笑了才開心。」

情緒是行動的產物，行動會先行於情緒。

為了要引導出你的幹勁、戰勝恐懼，最重要的就是採取行動。

不需要一開始就採取大規模行動。

不需要決定「一輩子都要這樣做」。

⓫**編按**：美國哲學家、心理學家，為19世紀後半期的頂尖思想家，也是美國歷史上最富影響力的哲學家之一，被譽為「美國心理學之父」。著有《實用主義：某些舊思想方法的新名稱》、《多元的宇宙》等。

不需要決定「絕對要得到財務自由！」。

重點在於一步一腳印的累積，首先，先採取行動吧。

接著，下一個重點就是提升「量」。

如果說熱情是從速度中誕生，那麼「質」就是從「量」中誕生。

這也稱作「量質轉化定律」，「質」只能從「量」中誕生。

首先最重要的就是壓倒性的數量，請澈底嘗試你打算要做的事情，接著，功夫肯定會從中誕生。

只要做到這一步，你肯定已經得到不被「金錢」與「時間」束縛，自由且富饒的人生了。

那麼，你已經做好準備開始行動了嗎？

那個貧窮的村莊變得怎麼樣了呢？

「村長，可以占用您一點時間嗎？」

創造米哈斯到B村參觀契機的村民蒙特塞拉特開口問米哈斯。

距離米哈斯參觀B村至今已經將近10年了，10年過去，米哈斯依然忙碌。

但是，有件事明顯與10年前不同。

那就是，他的表情遠比10年前開朗。

「喂、喂，這次又有什麼事情啊？我很忙耶，長話短說。」

雖然嘴上這樣說，但或許是有人需要他讓他很開心吧，米哈斯仍然滿臉笑容。

10年前走了一趟B村，向托利多學習，決定要拉水管管線後，村莊產生了巨大變化，回頭想想，最辛苦的就是一開始的那一步。

因為遭到許多村民反對。

用水桶運水已經夠忙了，哪來的時間拉水管啊。他們也不覺得真的可以辦到這件事，與其選擇輕鬆方法，認真工作來得更加重要。村民如此說著，米哈斯邊去說服每一個人，每天累積當下能辦到的事情。

他到現在都無法忘記第一根水管拉好那天的事情。極力反對的村民們，看到眼前完成的水管管線，也大為雀躍。米哈斯學習到了，可以改變人的不是道理，而是結果。

「我想要引進新的機制，這樣一來，農業和狩獵應該都能變得更便利！」

「蒙特塞拉特，你還真是喜歡引進新機制啊。這麼說來，我一開始會去托利多那裡，也全是因為你來找我啊。要是你沒有來找我，我們現在可能還過著被汲水追著跑的日子呢。」

「謝謝您，可以聽到您這麼說，我非常開心，但那時如果村長沒有下定決心，也不會有現在。」

如果沒有蒙特塞拉特的幫忙，應該也沒辦法拉好水管吧。他現在是村長最可靠的事業夥伴，如果沒有他，就沒有辦法管理好整個村莊。

「這麼說來，米哈斯先生，最近似乎不見托利多先生耶……」

「啊啊，那傢伙啊，還是一樣有夠精明。」

「叫他『那傢伙』真的好嗎？」

「哈哈哈，雖然他是我工作上的師傅，但我們還是從小一起長大的朋友啊。」

「那麼，托利多先生到底是去做什麼了？」

「那傢伙不當村長了，你知道他去幹嘛嗎？他竟然跑去教其他村莊他在B村學到的事情，然後在那邊投資、透過投資賺錢。真是個了不起的傢伙啊。不只讓大家得到幸福，自己也確實賺到錢。那麼，你是要來說什麼新機制啊？」

米哈斯說完後，又說著「要變忙碌囉」，繃起神經來。
看來，他似乎沒辦法過著和托利多相同的生活。
對他來說工作最有趣，特別是能讓自己幸福的工作最棒了。

後記

3月底，南半球從夏季進入秋季之際。因為從南極而來的冷空氣，墨爾本這邊的3月，比想像中還要更冷。即使如此，還是有許多人穿短袖在向陽處曬日光浴，相當有趣。

我現在在名為「Market Lane Coffee」的知名老咖啡廳裡。講究的店內裝潢和舒適感，讓我不知不覺就把原稿寫完了，邊寫邊打從心底感激財務自由。

首先，謝謝你閱讀到最後。

這是一本以金錢與工作方法為主題撰寫的書籍，請問大家覺得如何呢？如果有對你的金錢觀念、工作方法產生些許影響，那我就很開心了。

這本書的基礎建立於「脫離 rat race」之上，而脫離 rat race 的樂趣就是「想要做的事情越變越多」。

我想要脫離 rat race 當時，想著如果我有錢也有閒了，一定要去玩滑雪板和衝浪到過癮。完全沒有想過出國或是到世界各地走走。

當我脫離 rat race 時，我想做的事情變多了，結果我也沒真的花那麼多時間玩滑雪板和衝浪，當然沒有變得討厭，但也不再像以往那般玩得那麼認真。

讓我冒出「或許得等到脫離 rat race 後，才會知道真正想做的事情與想要的東西吧？」的想法。

至少我自己，當時能做的只有玩滑雪板和衝浪，所以才會覺得那是最想做的事情。

一開始依你自己想去做的理由就好了，在獲得財務自由的過程中，敬請期待你想要努力的理由會越變越多。

最後，要告訴大家，為了獲得財務自由，有兩件重要的事情。

第一件事是「為了學習而工作」。

不是為了賺錢而工作，而是為了學習而工作。你人生中最大的資產就是你自己。如果是為了提升自身價值，就算做白工也請嘗試。肯定會在之後收到許多回報。

第二件事是「不是依狀況來做選擇，而是依可能性做選擇」。

我想，你身邊應該有許多狀況，但不是只有你這樣。不管哪位被稱為成功者的人，一開始都和你相同，身邊有許多狀況。在這之中，他們相信可能性，一步一腳印前進，才會有現在的結果。

所有人都有無限的可能性。

發揮可能性的條件，就是相信可能性，依可能性做選擇。

「我絕對有辦法做到！」
相信自己，首先踏出第一步吧！

【備注】
總是溫柔等候我完成原稿，きずな出版的小寺裕樹總編，教會我許多事情的導師以及各位師兄、師弟，以及坐了3小時還是滿臉笑容接待我的「Market Lane Coffee」店員們，請讓我打從心底向大家致謝。

岡崎勉明

【主要參考文獻】（依原書排列順序）

《富爸爸，有錢有理：掌握現金流象限，才能通往財富自由》羅勃特．T．清崎　著（高寶）
《富爸爸，窮爸爸》羅勃特．T．清崎　著（高寶）
《富爸爸，富女人：女人就是要有錢》金．清崎　著（高寶）
《被討厭的勇氣：自我啟發之父「阿德勒」的教導》古賀史健、岸見一郎　著（究竟）
《一無所有的我從零培養出賺錢的技術》（暫譯）和田裕美　著（ダイヤモンド社）
《我想要給你們武器》（暫譯）瀧本哲史　著（講談社）
《先問，為什麼？啟動你的感召領導力》賽門．西奈克　著（天下雜誌）
《自己決定。》（暫譯）權藤優希　著（きずな出版）
《建議大家「創建社群，自由活著」》（暫譯）松田充弘　著（きずな出版）

作者／永松茂久　　譯者／張嘉芬

圖解正向語言的力量：
與潛意識結為盟友，說出高成效精彩人生

腦科學研究證實平時所說的話，正在塑造你的人生！
正向思考若能化為正向語言，更能加速心想事成！
日本傳奇斜槓創業家不藏私親授，
40 萬人見證正向語言翻轉人生的力量！

永松茂久是日本知名斜槓創業家，他從潛意識的科學研究結果中汲取精華，運用潛意識「無條件服從語言」的特性開發出廣受歡迎的人才培訓法，不僅讓自己翻身為多家成功企業的創辦人，更影響了近 40 萬人的人生規劃。

陪你飛一程：
科技老鳥 30 年職場真心話

職場陰晴，瞬息萬變 。
連走路都要靠 Google Maps，工作怎能不用？
超過 40 篇精彩故事以及大膽表露的職場真心話，
若你恰好為職場菜鳥，本書就是為你而寫！

作者夏研你可能不認識，但他做的手機你一定知道！科技業界知名人士，曾在電子五哥的手機部門工作，作者曾帶領團隊創下銷售奇蹟，也曾因為決策失誤而導致團隊解散，公司倒閉。如今他走過職場的頂峰與低谷，將所有的血淚經歷化成文字，一次在書裡揭露。

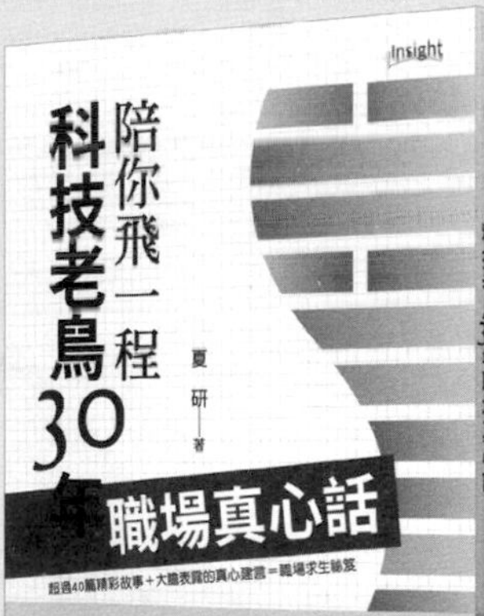

作者／夏　研

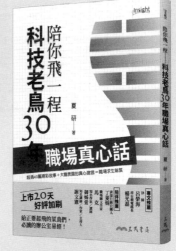

亞馬遜會議：

貝佐斯這樣開會，推動個人與企業高速成長，打造史上最強電商帝國

★首次完整揭露

日本亞馬遜創始成員親述關鍵三大會議如何運作，以及背後反映的亞馬遜管理風格與領導守則，教你用最高效率定目標、想企畫、做決定、追蹤執行狀況，讓每分每秒都花在刀口上。

作者 / 佐藤將之　　譯者 / 卓惠娟

共感簡報：

改變自己、也改變他人的視覺傳達與溝通技巧

★ 美國《富比士》雜誌評選「引領亞洲的青年領袖」的溝通絕學

★ 日本創業圈瘋傳，讓世界銀行、Panasonic、Uniqlo 慷慨解囊的簡報法則

作者為非營利組織 e-Education 負責人，他開發的「共感」簡報法在商業簡報大賽中拿下第一名。本書詳盡說明一套有效的「共感簡報」必須先調整好人設、呈現真實的自己，再輔以刺激想像的視覺資料與說話訣竅，就能讓原本興致缺缺的聽眾理解你、相信你，甚至好想幫助你。

作者 / 三輪開人　　譯者 / 李瑷祺

國家圖書館出版品預行編目資料

為什麼他有錢又有閒?上班族也能財務自由，人氣創業導師的最強富人法則／岡崎勉明著,林于楟譯.——初版二刷.——臺北市：三民，2022
面；　公分.——（職學堂）

ISBN 978-957-14-6841-9（平裝）
1. 個人理財 2. 成功法

494.35　　109007796

|職學堂|

為什麼他有錢又有閒？

上班族也能財務自由，人氣創業導師的最強富人法則

作　　者｜岡崎勉明
譯　　者｜林于楟

發 行 人｜劉振強
出 版 者｜三民書局股份有限公司
地　　址｜臺北市復興北路 386 號 (復北門市)
臺北市重慶南路一段 61 號 (重南門市)
電　　話｜(02)25006600
網　　址｜三民網路書店 https://www.sanmin.com.tw

出版日期｜初版一刷 2020 年 7 月
初版二刷 2022 年 6 月
書籍編號｜S541450
I S B N｜978-957-14-6841-9

三民書局